电网企业员工安全等级培训系列教材

第二版

继电保护

国网浙江省电力有限公司培训中心　组编

中国电力出版社
CHINA ELECTRIC POWER PRESS

内 容 提 要

本书是“电网企业员工安全等级培训系列教材（第二版）”中的《继电保护》分册，全书共七章，包括继电保护专业的基本安全要求、保证安全的组织措施和技术措施、作业项目安全风险管控、隐患排查治理、生产现场的安全设备设施、典型违章举例与事故案例分析、班组安全管理等内容，附录中给出了现场标准化作业指导书范例和现场应急处置方案范例。

本书是电网企业员工安全等级培训继电保护专业的专用教材，可作为继电保护岗位人员安全培训的辅助教材，宜采用《公共安全知识》分册加本专业分册配套使用的形式开展学习培训。

本书可供从事继电保护工作的专业技术人员和新员工安全等级培训使用。

图书在版编目（CIP）数据

继电保护 / 国网浙江省电力有限公司培训中心组编. —2 版. —北京：中国电力出版社，2023.2 (2024.9重印)

电网企业员工安全等级培训系列教材

ISBN 978-7-5198-7578-7

Ⅰ. ①继… Ⅱ. ①国… Ⅲ. ①继电保护–技术培训–教材 Ⅳ. ①TM77

中国国家版本馆 CIP 数据核字（2023）第 018454 号

出版发行：中国电力出版社
地　　址：北京市东城区北京站西街 19 号（邮政编码 100005）
网　　址：http://www.cepp.sgcc.com.cn
责任编辑：王蔓莉
责任校对：黄　蓓　常燕昆
装帧设计：赵姗姗
责任印制：石　雷

印　　刷：三河市百盛印装有限公司
版　　次：2016 年 6 月第一版　2023 年 2 月第二版
印　　次：2024 年 9 月北京第三次印刷
开　　本：710 毫米×1000 毫米　16 开本
印　　张：9.75
字　　数：155 千字
印　　数：1501—2000 册
定　　价：50.00 元

编写委员会

本册编写人员

邹蔚筱　许秀芳　周　行　张　静　吴佳毅　叶显斌
刘　伟　倪相生

前 言

为贯彻落实国家安全生产法律法规（特别是新《安全生产法》）和国家电网公司关于安全生产的有关规定，适应安全教育培训工作的新形势和新要求，进一步提高电网企业生产岗位人员的安全技术水平，推进生产岗位人员安全等级培训和认证工作，国网浙江省电力有限公司在 2016 年出版的“电网企业员工安全技术等级培训系列教材”的基础上组织修编，形成“电网企业员工安全等级培训系列教材（第二版）”。

“电网企业员工安全等级培训系列教材（第二版）”包括《公共安全知识》分册和《变电检修》《电气试验》《变电运维》《输电线路》《输电线路带电作业》《继电保护》《电网调控》《自动化》《电力通信》《配电运检》《电力电缆》《配电带电作业》《电力营销》《变电一次安装》《变电二次安装》《线路架设》等专业分册。《公共安全知识》分册内容包括安全生产法律法规知识、安全生产管理知识、现场作业安全、作业工器（机）具知识、通用安全知识五个部分；各专业分册包括相应专业的基本安全要求、保证安全的组织措施和技术措施、作业项目安全风险管控、隐患排查治理、生产现场的安全设施、典型违章举例与事故案例分析、班组安全管理七个部分。

本系列教材为电网企业员工安全等级培训专用教材，也可作为生产岗位人员安全培训辅助教材，宜采用《公共安全知识》分册加专业分册配套使用的形式开展学习培训。

鉴于编者水平所限，不足之处在所难免，敬请读者批评指正。

编 者

2023 年 1 月

目 录

前言

第一章　基本安全要求 ……1

第一节　一般安全要求 ……1

第二节　二次设备现场作业的安全要求 ……6

第三节　仪表、试验仪器使用的安全要求 ……13

第四节　应急预案 ……16

第五节　现场标准化作业指导书（卡）的编制和应用 ……19

第二章　保证安全的组织措施和技术措施 ……26

第一节　保证安全的组织措施 ……26

第二节　保证安全的技术措施 ……34

第三章　作业项目安全风险管控 ……39

第一节　概述 ……39

第二节　电网安全风险辨识与控制 ……43

第三节　现场作业风险管控 ……53

第四章　隐患排查治理 ……77

第一节　概述 ……77

第二节　隐患标准及隐患排查 ……79

第三节　隐患治理及重大隐患管理 ……81

第四节　隐患排查治理案例 ……83

第五章　生产现场的安全设备设施 ……88

第一节　安全标志 ……89

第二节　设备标志 ……98

第三节　安全警示线 ……102

第四节 安全防护设施……104
第六章 典型违章举例与事故案例分析……109
第一节 典型违章举例……109
第二节 事故案例分析……116
第七章 班组安全管理……125
第一节 班组管理安全监督……125
第二节 作业安全监督……126
附录 A 现场标准化作业指导书范例……133
附录 B 现场应急处置方案范例……145

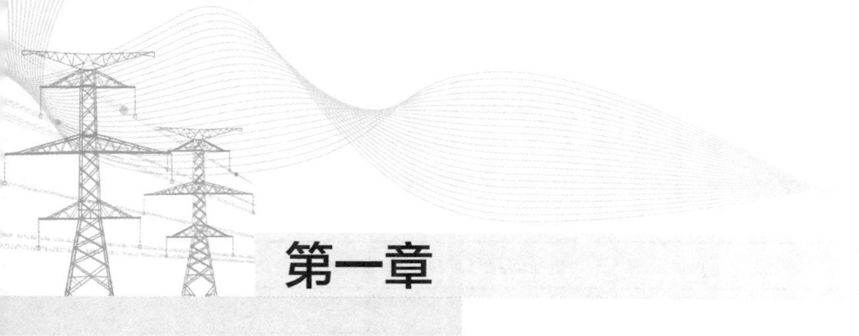

第一章

基 本 安 全 要 求

第一节 一 般 安 全 要 求

一、高压设备上工作安全要求

在运用中的高压设备上工作，分为全部停电的工作、部分停电的工作、不停电工作三类：

（1）全部停电的工作是指室内高压设备全部停电（包括架空线路与电缆引入线在内），并且通至邻接高压室的门全部闭锁，以及室外高压设备全部停电（包括架空线路与电缆引入线在内）的工作。

（2）部分停电的工作是指高压设备部分停电，或室内虽全部停电，但通至邻接高压室的门并未全部闭锁的工作。

（3）不停电工作是指工作本身不需要停电并且不可能触及导电部分的工作、可在带电设备外壳上或导电部分上进行的工作。

在高压设备上工作，应至少由两人进行，并完成保证安全的组织措施和技术措施。

无论高压设备是否带电，工作人员都不得单独移开或越过遮栏进行工作；若有必要移开遮栏时，应有监护人在场，并符合表 1–1 的安全距离。

表 1–1　设备不停电时的安全距离

电压等级（kV）	安全距离（m）	电压等级（kV）	安全距离（m）
10 及以下（13.8）	0.70	330	4.00
20、35	1.00	500	5.00

续表

电压等级（kV）	安全距离（m）	电压等级（kV）	安全距离（m）
66、110	1.50	750	7.20
220	3.00	1000	8.70
±50 及以下	1.50	±660	8.40
±400	5.90	±800	9.30
±500	6.00		

室内高压开关柜在手车开关拉出后，应观察隔离挡板是否可靠封闭。封闭式组合电器引出电缆备用孔或母线的终端备用孔应用专用器具封闭。

二、检修人员倒闸操作安全要求

倒闸操作分为监护操作、单人操作和检修人员操作。其中，检修人员操作是指由检修人员完成的操作，并规定：

（1）经设备运维管理单位（部门）考试合格、批准的本单位的检修人员，可进行 220kV 及以下的电气设备由热备用至检修或由检修至热备用的监护操作，监护人应是同一单位的检修人员或设备运维人员。

（2）检修人员进行操作的接、发令程序及安全要求应由设备运维管理单位（部门）总工程师审定，并报相关部门和调度控制中心（调控中心）备案。

三、二次系统上工作的安全要求

（1）工作前应做好准备，了解工作地点、工作范围、一次设备及二次设备运行情况、安全措施、试验方案、上次试验记录、图纸、整定值通知单、软件修改申请单，核对控制保护设备、测控设备主机或板卡型号、版本号及跳线设置等是否齐备并符合实际，检查仪器、仪表等试验设备是否完好，核对微机保护及安全自动装置的软件版本号等是否符合实际。

（2）在二次系统上工作，根据停电范围及工作性质填用相应的工作票及二次工作安全措施票。

（3）二次工作安全措施票的执行：

1）二次工作安全措施票的工作内容及安全措施内容由工作负责人填写，由技术人员或班长审核并签发。

2）监护人由技术水平较高及有经验的人担任，执行人、恢复人由工作班成员担任，按二次工作安全措施票的顺序进行。上述工作至少由两人进行。

（4）现场工作开始前，应检查已做的安全措施是否符合要求，运行设备和检修设备之间的隔离措施是否正确完成，工作时还应仔细核对检修设备名称，严防走错位置。

（5）作业人员在现场工作过程中，凡遇到异常情况（如直流系统接地等）或断路器跳闸、阀闭锁时，不论与本身工作是否有关，应立即停止工作，保持现状，待查明原因，确定与本工作无关时方可继续工作；若异常情况或断路器跳闸、阀闭锁由本身工作所引起，应保留现场并立即通知运维人员，以便及时处理。

（6）在全部或部分带电的运行屏（柜）上进行工作时，应将检修设备与运行设备以明显的标志隔开。

（7）在继电保护装置、安全自动装置及自动化监控系统屏（柜）上或附近进行打眼等振动较大的工作时，应采取防止运行中设备误动作的措施，必要时向调控中心申请，经值班调控人员或运维负责人同意，将保护暂时停用。

（8）在继电保护、安全自动装置及自动化监控系统屏间的通道上搬运或安放试验设备时，不能阻塞通道，要与运行设备保持一定距离，防止事故处理时通道不畅、误碰运行设备，造成相关运行设备继电保护误动作。清扫运行设备和二次回路时，要防止振动、误碰，要使用绝缘工具。

（9）继电保护、安全自动装置及自动化监控系统做传动试验或一次通电或进行直流输电系统功能试验时，应通知运维人员和有关人员，并由工作负责人或由他指派专人到现场监视，方可进行。

（10）检验继电保护、安全自动装置、自动化监控系统和仪表的工作人员，不准对运行中的设备、信号系统、保护压板进行操作，但在取得运维人员许可并在检修工作盘两侧开关把手上采取防误操作措施后，可拉合检修断路器。

（11）试验用闸刀应有熔丝并带罩，被检修设备及试验仪器禁止从运行设备上直接取试验电源，熔丝配合要适当，要防止越级熔断总电源熔丝。试验接线要经第二人复查后，方可通电。

（12）继电保护装置、安全自动装置和自动化监控系统的二次回路变动时，应按经审批后的图纸进行，无用的接线应隔离清楚，防止误拆或产生寄生回路。

（13）试验工作结束后，按二次工作安全措施票逐项恢复同运行设备有关的接线，拆除临时接线，检查装置内无异物，屏面信号及各种装置状态正常，各相关压板及切换开关位置恢复至工作许可时的状态。二次工作安全措施票应随工作票归档保存至少一个检修周期。

四、在互感器二次回路上工作的安全要求

（1）所有电流互感器和电压互感器的二次绕组应有一点且仅有一点永久性的、可靠的保护接地。

（2）在带电的电流互感器二次回路上工作时，应采取下列安全措施：

1）禁止将电流互感器二次侧开路（光电流互感器除外）。

2）短路电流互感器二次绕组应使用短路片或短路线，禁止用导线缠绕。

3）在电流互感器与短路端子之间导线上进行任何工作，应有严格的安全措施，并填用二次工作安全措施票。必要时申请停用有关保护装置、安全自动装置或自动化监控系统。

4）工作中禁止将回路的永久接地点断开。

5）工作时应有专人监护，使用绝缘工具，并站在绝缘垫上。

（3）在带电的电压互感器二次回路上工作时，应采取下列安全措施：

1）严格防止短路或接地。应使用绝缘工具，戴手套。必要时，工作前申请停用有关保护装置、安全自动装置或自动化监控系统。

2）接临时负载，应装有专用的闸刀和熔断器。

3）工作时应有专人监护，禁止将回路的安全接地点断开。

（4）二次回路通电或耐压试验前，应通知运维人员和有关人员，并派人到现场看守，检查二次回路及一次设备上确无人工作后，方可加压。

电压互感器的二次回路通电试验时，为防止由二次侧向一次侧反充电，除应将二次回路断开之外，还应取下电压互感器高压熔断器或断开电压互感器一次侧隔离开关。

五、在智能变电站继电保护和安全自动装置上工作的安全要求

（1）智能变电站装置检修应满足以下条件：装置检修状态通过硬压板开入实现，检修压板应只能就地操作，当压板投入时，表示装置处于检修状态；装置应通过指示灯、人机界面等提醒运行、检修人员装置处于检修状态。

（2）进行装置校验、消缺等现场检修作业时，应隔离采样、跳闸（包括远跳）、合闸、启动失灵等与运行设备相关的联系，并保证安全措施不影响运行设备的正常运行。

（3）双重化配置的二次设备仅单套设备校验、消缺时，对于确无法有效隔离或可能影响运行的一、二次设备，应申请停役相关运行一、二次设备。

（4）对于确无法通过退软压板停用装置，且与之关联的运行装置未设置接收软压板的光纤回路，可采取断开光纤的安全措施方案，但不得影响其他运行装置的正常运行。

（5）断开光纤回路前，应确认其余安全措施已做好，且对应光纤已做好标识，取下的光纤应用相应保护罩套好，防止污染物进入光器件或污染光纤端面。

（6）智能变电站虚拟二次回路的安全措施应至少由两种不同原理的隔离技术构成，如退出相关运行装置中对应的接收软压板、退出检修装置对应的发送软压板，放上检修装置检修压板。

（7）操作保护装置检修压板前，应确认保护装置处于信号状态，且与之相关的运行保护装置（如母差保护、安全自动装置等）二次回路的软压板（如失灵启动软压板等）已退出。

（8）操作保护装置、合并单元、智能终端等装置检修压板时，应查看装置指示灯、人机界面变位报文或开入变位等情况，同时核查相关运行装置是否出现非预期信号，确认设备状态正常后方可执行后续操作。

六、其他一般安全要求

（1）任何现场工作人员必须符合安全准入要求。

（2）任何人进入生产现场，应正确佩戴安全帽。

（3）禁止携带钢卷尺、皮卷尺和线尺（夹有金属丝者）进入运行变电站。

（4）在户外变电站和高压室内搬动梯子、管子等长物，应两人放倒搬运，并与带电部分保持足够的安全距离。

（5）禁止携带金属梯子进入运行变电站。

（6）在光纤回路工作时，应采取相应措施，防止激光对人眼造成伤害。

第二节 二次设备现场作业的安全要求

一、检修电源

（1）检修电源必须接在变电站合格（装有剩余电流动作保护器）的电源箱内，禁止在现场电气设备上接取检修电源，拆接电源应由电气专业人员进行并有专人监护。

（2）禁止将电线直接钩挂在闸刀上或直接插入插座内使用，严格禁止用其他金属丝代替熔丝，禁止采用一火一地的接线方式。

（3）连接电动机械或电动工具的电气回路应设开关或插座，并设有保护装置，移动式电动机械应使用软橡胶电缆。

（4）对穿越变电站道路的电源线应采取防止车压的保护措施。

（5）电源线宜用电缆，其绝缘状况必须良好，长度不够需加接时，应连接良好且用绝缘胶带可靠包扎，并做好防雨和抗拉的措施，使用后及时拆除连接。

（6）电源板上的接线柱、闸刀、插座等必须完好，严禁裸露。

（7）变电站现场的所有电源箱应由运维人员负责日常维护和检查，始终保持合格、可靠，并关闭箱门。待工作时根据检修负责人要求，提交检修人员使用。

二、电动工具

（1）电动工具必须是在检测周期内的。

（2）电动工具外壳必须按要求良好接地，转动部分必须装设完整的保护罩。

（3）从事移动式电动工具操作，必须遵照相关的操作规程或规定；在未断开电源的情况下不得对电动工具进行检修或调整。

（4）除电焊机外，所有移动式电动工具使用时，必须接于带有剩余电流动作保护器的电源箱内。

三、事故抢修

（1）事故抢修必须在满足抢修人员人身安全和变电站其他设备安全运行的条件下进行。

（2）事故抢修应使用工作票或事故紧急抢修单。

（3）重大事故应立即启动事故应急预案；大型事故应明确现场事故抢修总指挥，负责事故抢修的组织和协调工作；一般事故抢修应明确现场工作负责人。

（4）事故抢修同样应履行变电检修许可手续，并召开现场站班会，向全体人员进行安全措施交底，对作业危险点、停电方式和其他安全注意事项、工作任务、人员分工交底。人员明确后在站班会记录上签名，方可开始工作。

（5）当 SF_6 设备（开关室内）爆炸后，所有进入事故抢修的人员必须佩带 SF_6 专用防护用品，并严格按照 Q/GDW 1799.1—2013《国家电网公司电力安全工作规程　变电部分》（以下称《变电安规》）对 SF_6 设备上工作的有关要求执行。

（6）夜间检修或紧急缺陷处理时，应启动变电站现场照明，增设临时照明，确保现场有足够照明。

（7）所有事故抢修、夜间检修或紧急缺陷处理结束时，应加强验收，确保设备上无遗漏物件，并将设备恢复至原有状态。

（8）抢修工作结束后，全体人员和工器具应及时撤离现场，工作负责人办理抢修工作终结手续。

四、外协、临时工安全管理

（1）进入变电站工作的外包队伍必须经过安全资质的严格审核，人员经过安全教育培训考试合格取证后（特种作业人员必须持证上岗），方可在指定的生产区域内从事相应的工作。

（2）进入变电站工作的外协人员必须经过使用单位的安全知识教育和培训（时间较长者应通过相关安全知识考试合格方可有效），在工作负责人监护下从事相应的工作。

（3）临时用工作为使用班组的成员，在工作负责人的监护下从事变电检修的辅助工作，严禁直接从事变电检修专业工作。

（4）外协人员和临时工必须参加使用班组开工前的站班会，接受现场安全措施、停电范围、作业危险点及预控措施、工作任务和其他安全注意事项等交代，清楚后在站班会上签名，方可在监护下从事相应的工作。

五、继电保护现场作业

（1）继电保护现场工作至少应有两人参加。现场工作人员应熟悉继电保护、电网安全自动装置和相关二次回路，并经培训、考试合格。

（2）任何人发现违反《变电安规》的情况，应立即制止，经纠正后才能恢复作业。继电保护人员有权拒绝违章指挥和强令冒险作业；在发现直接危及人身、电网和设备安全的紧急情况时，有权停止作业或在采取可能的紧急措施后撤离作业场所，并立即报告。

（3）在继电保护柜（屏）的前面和后面，以及现场端子箱的前面应有明显的设备名称。若一面柜（屏）上有两个及以上保护设备时，在柜（屏）上应有明显的区分标志。

（4）若工作的柜（屏）上有运行设备，应有明显标志，并采取隔离措施，以便与检验设备分开。相邻的运行柜（屏）前后应有“运行中”的明显标志（如红布帘、遮栏等）。工作人员在工作前应确认设备名称与位置，防止走错间隔。

（5）若不同保护对象组合在一面柜（屏）时，应对运行设备及其端子排采取防护措施，如对运行设备的压板、端子排用绝缘胶布贴住或用塑料扣板扣住端子。

（6）断开二次回路的外部电缆后，应立即用红色绝缘胶布包扎好电缆芯线头。红色绝缘胶布只作为执行继电保护安全措施票安全措施的标识，未征得工作负责人同意前不应拆除。对于非安全措施票内容的其他电缆头应用其他颜色绝缘胶布包扎。

（7）在一次设备运行而停用部分保护进行工作（除特殊情况外，一般不安排这类运行方式检验）时，应特别注意断开不经压板的跳闸回路（包括远跳回路）、合闸回路和与运行设备安全有关的连线，并应列入继电保护安全措施票。

（8）更换继电保护和电网安全自动装置柜（屏）或拆除旧柜（屏）前，应在有关回路对侧柜（屏）做好安全措施。

（9）对于和电流构成的保护，如变压器差动保护、母线差动保护和 3/2 接线的线路保护等，若某一断路器或电流互感器作业影响保护的电流回路，作业前应将电流互感器的二次回路与保护装置断开，防止保护装置侧电流回路短路或电流回路两点接地，同时断开该保护跳此断路器的跳闸压板。

（10）进行现场工作时，应防止交流和直流回路混线。继电保护或电网安全自动装置定检后以及二次回路改造后，应测量交、直流回路之间的绝缘电阻，并做好记录；在合上交流（直流）电源前，应测量负荷侧是否有直流（交流）电位。

（11）应特别注意电子仪表的接地方式，避免损坏仪表和保护装置中的插件。

（12）在微机保护装置上进行工作时，应有防止静电感应的措施，避免损坏设备。

（13）运行中的继电保护和电网安全自动装置需要检验时，应先断开相关跳闸和合闸压板，再断开装置的工作电源。在保护工作结束、恢复运行时，应先检查相关跳闸和合闸压板在断开位置。投入工作电源后，检查装置是否正常，用高内阻的电压表检验压板的每一端对地电位都正确后，才能投入相应跳闸和合闸压板。

（14）断开直流电源后才允许插、拔插件，在插印刷电路板时必须带上防静电的接地护套，不得用手去触及电路板的导电部分，插、拔交流插件时应防止交流电流回路开路。

（15）试验人员更换插件或元器件时，应采用人体防静电接地措施，以确保不会因人体静电而损坏芯片。

（16）使用万用表时宜使用高内阻设备。

（17）原则上在现场不能使用电烙铁，试验过程中如需使用电烙铁进行焊接时，应采用带接地线的电烙铁或电烙铁断电后再焊接。

（18）试验过程中，应注意不要将插件插错位置。发现问题先查明原因，不要频繁插拔插件，更不要轻易更换芯片，当证实确需更换芯片时，则必须更换经筛选合格的芯片。芯片插入的方向应正确，并保证接触可靠。

（19）打印机在通电状态下，不能强行转动走纸旋钮，走纸可通过打印机按键操作或停电后进行。

（20）因检验需要临时短接或断开的端子，应逐个记录，并在试验结束后及时恢复。如需拆头，应拆端子排内侧且用绝缘胶布包好，并做好记录，以防误接、漏接。

（21）因检验需要临时修改的定值或内部逻辑配置，应逐个记录，试验结束后必须及时恢复。

（22）上电后先复归电压切换箱，并检查所有装置是否有异常的告警情况。

（23）二次回路通电压试验时，为防止由电压互感器二次侧向一次侧反充电，除应将电压互感器二次熔丝断开外还应取下断线闭锁电容。

（24）当试验过程中加入电流幅值大于 3 倍额定电流时，应注意通电时间不能过长。

（25）在进行某项保护功能的检验时，应将其他保护功能退出。如涉及保护定值调整，要在检验结束后及时恢复。

（26）变更二次回路接线时，事先应经过审核，拆动接线前与原图核对，接线修改后要与新图核对，防止寄生回路存在。

（27）拆接试验线时，必须把电流、电压降至零位，关闭电源开关后方可进行。

（28）试验用的接线卡子，必须带绝缘套。

（29）做安全技术措施前应先认真检查二次工作安全措施票和实际接线及图纸是否一致，如发现不一致，应及时修改，经检查无误后严格执行二次工作安全措施票。

（30）在传动断路器时，必须先通知检修班组及运维人员，在得到一次工作负责人及值班运维人员同意，并在开关站设有专人监视后，方可传动断路器。

（31）严禁漏拆联跳接线或漏取压板，防止误跳运行设备。

（32）测量回路的绝缘电阻时应通知有关人员暂时停止在回路上的一切工作，断开直流电源，拆开回路接地点，拔出所有逻辑插件。注意：测量结束后应立即放电、恢复接线。

（33）试验过程中如需临时改变运维人员所做的安全措施，应征得运维人员同意，由工作负责人通知当值运维人员实施操作。

（34）光纤拔下后应在光纤头和光纤连接口上做防尘措施。

（35）在保护室内严禁使用无线通信设备。

六、电测仪表现场作业

（1）检定装置要可靠接地，接地线要与大地相连，装置外壳应与保护屏在同一点接地。

（2）试验连接线要接触良好，谨防标准电流互感器二次侧开路、电压互感器二次侧短路。

（3）二次回路通电压试验时，为防止由电压互感器二次侧向一次侧反充电，除应将电压互感器二次熔丝断开外还应取下断线闭锁电容。

（4）电测仪表的电压引线、电流引线应在装置无电压、电流输出的前提下进行；在工作过程中发生电压、电流线脱落，应停止装置电压、电流输出，待接线完成后继续。

（5）装置打开电源开关后，应待标准表及信号源启动稳定，检定装置按规定充分预热后才可开始检定。

（6）工作过程中装置如报警，应及时关闭电源输出，查明原因后再升压、升流。

（7）输出 30V 以上电压时，应接好负载后再启动输出，避免手接触到输出端子或其他裸露金属而受到电击。

（8）仪表工作人员必须在熟悉操作方法的前提下才能操作，预热期间工作人员不得离开现场。

（9）变更二次回路接线时，事先应经过审核，拆动接线前与原图核对，接线修改后要与新图核对，防止寄生回路存在。

（10）拆接试验线时，必须把电流、电压降至零位，关闭电源开关后方可进行。

（11）试验用的接线卡子，必须带绝缘套。

（12）做安全技术措施前应先检查实际接线与图纸是否一致，如发现不一致，应及时向专业技术人员汇报，经确认无误后及时修改，修改正确无误后，方可进行校验工作。

（13）工作时应认真核对回路接线，查清回路电缆接线。如需拆头，应拆端子排内侧且用绝缘胶布包好，并做好记录。

（14）调试过程中发现问题应先切断电源，待查明原因后才可继续工作。

（15）220kV 以上线路及主变压器侧交流采样校验时应提前联系上级调度自动化专业管理人员封锁虚负荷数据。

（16）检修电源必须接至专用试验电源屏，且在工作现场电源引入处配置有明显断开点的闸刀和剩余电流动作保护器。接取电源前应先验电，用万用表确认电源电压等级和电源类型无误后，先接闸刀处，再接电源侧。

（17）检定前应先检查接线，确认无误后方可开始接线，并用万用表对输入回路和输出回路进行测量，确保回路无开路或短路现象。

（18）升流、升压前应先认真检查仪器挡位、开关位置和接线，如发现有开路、短路等现象，应及时修正，经检查无误后方可开始检定。

（19）检定前用万用表对输入回路和输出回路进行测量，确保回路无开路或短路现象。

七、直流系统现场作业

（1）在做安全技术措施前，应先认真检查二次工作安全措施票和实际接线及图纸是否一致，如发现不一致，应及时修改，经检查无误后严格执行二次工作安全措施票。

（2）将各直流屏与保护铜网相连接地线的材质、截面应符合设计要求，接触良好。

（3）直流屏安装后，应检测整流装置二次回路及两路交流电源电缆对地、相间绝缘。绝缘应良好，用1000V绝缘电阻表测量整流装置二次回路对地绝缘电阻，应不低于2MΩ。绝缘试验前应做好与各微机装置电源隔离。

（4）安装蓄电池和蓄电池监测装置前，应检查电池有无损坏、极性与标识是否对应、配件是否齐全。安装时注意不能造成单个蓄电池短路。

（5）蓄电池监测装置主机、采集模块按设计要求安装固定，防止短路或接地，注意工作电源接取符合要求。

（6）放电模块应放在屏顶或便于散热的地方，并注意风扇通风通畅。

（7）蓄电池组正、负极至充电屏蓄电池组熔断器电源线接线应先接充电屏蓄电池组熔断器，后接蓄电池组正、负极。正极应用红色电源线并接上电流互感器，负极应用蓝色或绿色电源线。

（8）直流屏上电前，应确定屏内无短路、各回路开关及电池熔丝为断开状态。检查交流电源相序及电压正确后，直流屏方可上电。

（9）充电模块、监控模块上电应逐一开启各个充电模块开关，检查各模块充电电压符合要求。发现模块故障情况下，应及时断开电源，故障排除后方可再次上电。

（10）各馈电回路的空气开关应与对应端子一致。

（11）直流屏熔丝的容量、规格应符合设计要求。

（12）工作过程中如需临时改变运维人员所做的安全措施，应征得运维人员同意，由工作负责人通知当值运维人员实施操作。

（13）进行直流系统更换工作，在接各馈线电缆时，要特别注意极性，防止极性接反造成事故。

第三节　仪表、试验仪器使用的安全要求

一、仪表、试验仪器的使用一般安全要求

（1）为保证操作人员在室内检定/校准工作的人身安全和装置设备安全，必须严格执行《变电安规》有关要求。

（2）不允许一个人在实验室内进行工作。

（3）三相交流仪表校验台要可靠接地，接地线要与大地相连，各功能开关按检定需要切换到正确位置。

（4）试验连接线要接触良好，谨防标准电流互感器二次侧开路、电压互感器二次侧短路，变比设置正确。

（5）电测仪表的电压引线、电流引线应在装置无电压、电流输出的前提下进行；在工作过程中发生电压、电流线脱落应停止装置电压、电流输出，待接线完成后继续。

（6）装置打开电源开关后，应待标准表及信号源启动稳定后，才能打开启动开关进入操作，待检定装置按规定充分预热后才可开始检定。

（7）装置使用完毕，不要带电关掉电源，应在电压、电流输出都已降下的情况下，先按下停止键，再关闭装置的电源开关。

（8）工作过程中装置如报警，应及时按装置上的复位键关闭电源输出，查明原因后再升压、升流。

（9）输出 30V 以上电压时，应接好负载后再启动输出，避免手接触到输出端子或其他裸露金属而受到电击。

（10）不能短路电压输出端。电压输出端宜先接入负载，再启动输出。尽管设备设有过载保护，但短路和突然接入电容负载对内部器件仍有冲击。

（11）避免接近强干扰源，否则可能造成死机；出现死机后，将电源开、关一次就可恢复正常。

（12）仪表工作人员必须在熟悉操作方法的前提下才能操作，预热期间工作人员不得离开现场。

二、仪表、试验仪器的使用

1. 数字万用表

在使用数字万用表时，为了避免可能的电击和人员伤害，必须遵守以下规则：

（1）检测调试表笔，看是否有损坏的绝缘或裸露的金属，检测表笔的通断性，并在使用前更换损坏的表笔。

（2）当量测电流时，必须在数字万用表连接入线路之前断开线路的电源。

（3）在量测时，应先连接公共调试表笔（黑表笔），再连接带电表笔（红表笔）；断开连接时，应先断开带电表笔，再断开公共调试表笔。

（4）当电源仓或数字万用表外壳部分没有盖紧或松开时，切勿用于数字万用表。

（5）当电源低电压指示符号出现时，应尽快更换电源，以免误读数而可能导致电击或人员伤害。

（6）不能用万用表去量测万用表所示的CAT分类等级以外的电压。

2. 绝缘电阻表

（1）首先选用与被测元件电压等级相适应的绝缘电阻表，对于500V及以下的线路或电气设备，应使用500V或1000V的绝缘电阻表；对于500V以上的线路或电气设备，应使用1000V或2500V的绝缘电阻表。

（2）用绝缘电阻表测试高压设备的绝缘时，应由两人进行。

（3）测量前必须将被测线路或电气设备的电源全部断开，即不允许带电测绝缘电阻，并且要查明线路或电气设备上无人工作后方可进行。

（4）绝缘电阻表使用的表线必须是绝缘线，且不宜采用双股绞合绝缘线，其表线的端部应有绝缘护套；绝缘电阻表的线路端子“L”应接设备的被测相，接地端子“E”应接设备外壳及设备的非被测相，屏蔽端子“G”应接到保护环或电缆绝缘护层上，以减小绝缘表面泄漏电流对测量造成的误差。

（5）测量前应对绝缘电阻表进行开路校检。“L”端与“E”端空载时摇动绝缘电阻表摇柄，其指针应指向“∞”；“L”端与“E”端短接时，摇动摇柄其指针应指向“0”，说明绝缘电阻表功能良好，可以使用。

（6）测试前必须将被试线路或电气设备接地放电。测试线路时，必须取得对方允许后方可进行。

（7）测试过程中两手不得同时接触两根线。

（8）测试完毕应先拆线，后停止摇动绝缘电阻表，以防止电气设备向绝缘电阻表反充电导致损坏。

3. 数字式高压绝缘电阻测试仪

（1）不应在仪器表面潮湿或操作者手潮湿时操作，不应在易燃场所及打雷时测试。

（2）测试前必须戴上高压绝缘手套，确认被测回路中无电压后方可进行测试。

（3）表计在绝缘电阻量程时，测试回路会产生高压电，切勿触摸测试电路中裸露的金属部分。

（4）测量前应确定所有测试导线与仪表的测试端口连接牢固，确认量程开关切换至适当的位置。

（5）测试线连接在仪器上且未接通测量回路时，不要按下测试开关。测量导线连接在被测回路时，不要旋转功能选择开关。

（6）电阻测试完毕后，切勿马上取下测试线，应使仪器自动释放测试时产生的电压；只有当放电完毕、显示屏的电压显示为“0”时，方可触碰被测回路。

（7）使用完毕后，应将测量选择按钮置于“OFF”位置，若长时间不用，应将电池取出后存放。

4. 微机继电保护测试仪

（1）开机前应可靠接地，以保证人、机安全工作。

（2）做完一次试验后，请将各调节旋钮调到最小值。

（3）测试仪的各路电源不得作永久性电源使用；本机电源间歇使用，大电流输出持续时间不得超过 5min。

（4）测试仪在出现异常时请及时关断电源或按“复位”键。

（5）接入或切断被试装置时，输出端可能带电，请注意安全。

（6）在空接点状态时，绝不允许接入带电被试装置，否则将损坏测试仪器。

（7）接入或切断被试装置时，输出端可能带电，请注意安全。

5. 蓄电池电导仪

（1）使用前，应戴防护眼镜或面罩、戴橡胶防护手套、穿防护围裙或工作服。

（2）如果没有得到许可，在测试时不要将电池组退出。

（3）测试时，应避免同时接触蓄电池屏（或架）及靠近金属物品，以免使蓄电池接地。

（4）测试前必须核对蓄电池的极性，将黑色的测试夹钳或测试探针连接到电池的负极，将红色的测试夹钳或测试探针连接到电池的正极。

6. 纹波测试仪

（1）使用前应检查仪表的外壳与接头是否有断裂或者绝缘破损，发现异常应停止使用。

（2）切勿在有危险气体或潮湿的地方附近使用。

（3）施加在仪表端子之间的电压不应超过额定电压。

7. 蓄电池智能活化仪

（1）将仪器充、放电电缆与蓄电池连接时，应正确区分蓄电池的正负极，避免反接；应确保夹钳与蓄电池的极柱充分接触，防止在测试过程中夹钳脱落。

（2）在对蓄电池进行充、放电及活化前，应设置好电池参数。

（3）参数设置中设置的放电限压、充电限压起到保护电池的作用，正确设置限压值，以避免对蓄电池过充或过放，避免电池损坏。

8. 智能蓄电池组负载测试仪

（1）使用前，核对蓄电池组电压和仪器量程一致。

（2）在使用过程中，仪器出现故障报警，应停机检查。如因过热引发报警，应等降温后再开机。

（3）在放电测试过程中，为避免故障事故，操作人员不要离开现场。

（4）严禁交流和直流同时供电。在进行放电时，仪器的工作电源由放电电池提供，不许接入交流电源。在放电完毕断开电池组后，如需查询数据或读取数据时，才可接入交流电源。

（5）使用前应检查仪器接线正确，要特别注意防止极性接反。合上空气开关后应设置好电池组的各种参数。

（6）放电进行过程中或放电终止前，应保存好试验数据。

第四节 应 急 预 案

一、应急预案体系

（1）国家电网公司应急预案体系由总体应急预案、专项应急预案、部门应急预案和现场处置方案构成。可在应急预案体系的基础上，针对工作岗位的特点，编制简明、实用、有效的应急处置卡。

（2）各省级单位设总体应急预案、专项应急预案，视情况制定部门应急预案和现场处置方案。

（3）市、县级供电企业设总体应急预案、专项应急预案、现场处置方案，视情况制定部门应急预案。

（4）各级职能部门及二级机构（工地、分场、工区、室、所、队等）根据工作实际设现场处置方案。

（5）其他单位根据工作实际，参照设置相应预案。

（6）各单位可根据组织管理体系、生产运行规模、企业风险性质以及可能发生的突发事件确定应急预案体系。

二、应急预案分类

1. 总体应急预案

（1）总体应急预案是应对各种突发事件而制定的综合性工作方案，是国家电网公司应对突发事件的总体工作程序、措施和应急预案体系的总纲。

（2）总体应急预案应包括总则、突发事件总体风险和危害程度分析、应急组织机构及职责、预防与预警、应急响应、信息报告与发布、后期处置、应急保障、预案管理、相关附件等。

2. 专项应急预案

（1）专项应急预案是为应对某一种或者多种类型突发事件，或者针对重要设施设备、重大危险源、重大活动防止突发事件而制定的专项性工作方案。

（2）专项应急预案应包括某一种或者某类突发事件风险和危害程度分析、事件分级、应急指挥机构及职责、监测预警、应急响应、信息报告与发布、后期处置、保障措施、预案管理、相关附件等。

（3）专项应急预案应涵盖自然灾害类、事故灾难类、公共卫生事件类以及社会安全事件类，应根据政府以及国家电网有限公司相关要求，结合本单位突发事件风险特点确定专项应急预案设置。

3. 部门应急预案

（1）部门应急预案是根据本单位总体应急预案、专项应急预案和部门职责，为细化落实本部门在突发事件应对和处置中的职责，针对特定的突发事件，或者针对重要目标物保护、重大活动保障、应急资源保障等涉及部门工作而预先制定的工作方案。

（2）部门应急预案应包括组织机构及职责、应急工作流程、岗位行动、相关附件等内容。

4. 现场处置方案

（1）现场处置方案是针对特定的场所、设备设施、岗位，针对典型的突发事件，制定的处置措施和主要流程。

（2）现场处置方案应包括事件特征、基层单位（部门）应急组织形式及职责、应急处置措施和注意事项等内容。

5. 应急处置卡

（1）应急处置卡是针对重点岗位，在专项应急预案或现场处置方案基础上简化和细化相关内容，使用和携带的工具性方案。

（2）应急处置卡应包括重点岗位名称、应急处置程序和措施、相关联络方式等。

三、应急预案编制程序

应急预案编制程序应包括应急预案编制工作组成立、资料收集、风险评估、应急资源调查、应急预案编制、征求意见与推演论证、应急预案评审与发布、应急预案备案 8 个步骤。

1. 应急预案编制

（1）依据风险评估和应急资源调查的结果，结合本单位组织管理体系、生产规模和可能发生的突发事件特点，按照“横向到边、纵向到底、上下对应、内外衔接”的要求建立应急预案体系。明确应急组织和人员的职责分工，并有具体的落实措施。有明确、具体的应急程序和处置措施，并与本单位应急能力相适应。明确应急保障措施，满足本单位的应急工作需要。相关应急预案之间以及与所涉及的其他单位或政府有关部门的应急预案在内容上相互衔接。

（2）应急预案编制应突出实际、实用、实效的原则，以预警监测、应急处置为核心，体现自救互救和先期处置的特点，做到职责明确、程序规范、措施科学，尽可能简明化、图表化、流程化。

2. 应急预案评审

应急预案编制完成后，应按照国家电网公司、国家能源局及其派出机构以及地方政府电力主管部门、应急管理部门等相关要求，对应急预案进行评审。

3. 应急预案发布

总体应急预案和专项应急预案经评审、修改，符合要求后，应经过本单位主要负责人签署后发布。总体应急预案、专项应急预案应由预案编制责任部门以公司文件形式发布。

部门应急预案应经过本部门主要负责人签署，由预案编制责任部门发布，并报送本单位应急管理归口部门。

现场处置方案应经过基层单位或相关部门主要负责人签署，由编制责任部门发布，并报送本单位专业管理部门。

总体应急预案、专项应急预案发布时，应统一进行编号。

4. 应急预案备案

内部备案：应急预案发布后，应由应急管理归口部门向上级主管单位进行备案。备案内容包括总体应急预案、专项应急预案、部门应急预案全文以及现场处置方案、应急处置卡设置目录。文档形式应为协同办公正式文件。应在应急预案发布后 20 个工作日内完成备案。

外部备案：预案编制责任部门应按照国家能源局及其派出机构、地方政府电力主管、应急管理等相关部门应急预案备案要求执行。

第五节　现场标准化作业指导书（卡）的编制和应用

编制和执行现场标准化作业指导书（卡）是实现现场标准化作业的具体形式和方法。现场标准化作业指导书（卡）应突出安全和质量两条主线，对现场作业活动的全过程进行细化、量化、标准化，保证作业过程安全和质量处于可控、在控状态，达到事前管理、过程控制的要求和预控目标。作业指导书对作业计划、准备、实施、总结等各个环节，明确具体操作的方法、步骤、措施、标准和人员责任，是依据工作流程组合成的执行文件。

一、现场标准化作业指导书（卡）的编制原则和依据

1. 编制原则

按照电力安全生产有关法律法规、技术标准、规程规定的要求和国家电网公司有关规范规定，作业指导书的编制应遵循以下原则：

（1）坚持“安全第一、预防为主、综合治理”的方针，凡事有人负责、凡事有章可循、凡事有据可查、凡事有人监督。

（2）符合安全生产法规、规定、标准、规程的要求，具有实用性和可操作性。概念清楚、表达准确、文字简练、格式统一，且含义具有唯一性。

（3）作业指导书（卡）的编制应依据生产计划和现场作业对象的实际，进行危险点分析，制定相应的防范措施。体现对现场作业的全过程控制，体现对设备及人员行为的全过程管理。

（4）作业指导书（卡）应在作业前编制，注重策划和设计，量化、细化、标准化每项作业内容。集中体现工作（作业）要求具体化、工作人员明确化、工作责任直接化、工作过程程序化，做到作业有程序、安全有措施、质量有标准、考核有依据，并起到优化作业方案、提高工作效率、降低生产成本的作用。

（5）现场作业指导书（卡）应以人为本，贯彻安全生产健康环境质量管理体系的要求，应规定保证本项作业安全和质量的技术措施、组织措施、工序及验收内容。

（6）现场作业指导书（卡）应结合现场实际由专业技术人员编写，由相应的主管部门审批，编写、审核、批准和执行应签字齐全。

2. 编制依据

（1）安全生产法律、法规、规程、标准及设备说明书。

（2）缺陷管理、反事故措施要求、技术监督等企业管理规定和文件。

二、现场标准化作业指导书（卡）的结构内容及格式

1. 结构

现场标准化作业指导书（卡）由封面、范围、引用文件、修前准备、流程图、作业程序及工艺标准、验收记录、指导书执行情况评估和附录 9 项内容组成。

2. 内容及格式

（1）封面。封面由作业名称、编号、编写人及时间、审核人及时间、批准人及时间、作业负责人、作业工期、编制单位 8 项内容组成，其中：

1）作业名称：包含作业地点、设备的电压等级、编号及作业的性质。如：××变电站××kV××线保护装置大修作业指导书。

2）编号：编号应具有唯一性和可追溯性，便于查找。可采用企业标准编

号 Q/×××，位于封面的右上角。

3）编写人及时间：负责作业指导书的编写。在指导书编写人一栏内签名，并注明编写时间。

4）审核人及时间：负责作业指导书的审核，对编写的正确性负责；在指导书审核人一栏内签名，并注明审核时间。

5）批准人及时间：作业指导书执行的许可人在指导书批准人一栏内签名，并注明批准时间。

6）作业负责人：组织执行作业指导书，对作业的安全、质量负责，在指导书作业负责人一栏内签名。

7）作业工期：指现场作业具体工作时间。

8）编制部门：指作业指导书的具体编制单位。

（2）范围。对作业指导书的应用范围做出具体的规定。如：本作业指导书针对××变电站××kV××线保护装置大修工作编写而成，仅适用于该保护装置的大修工作。

（3）引用文件。明确编写作业指导书所引用的法规、规程、标准、设备说明书及企业管理规定和文件（按标准格式列出）。

（4）修前准备。

1）准备工作安排：明确作业项目、确定作业人员并组织学习作业指导书；确定准备检修所需物品的时间和要求；核定工作票、动火票的时间和要求；确定现场定置摆放的时间和要求。

2）作业人员要求：规定工作人员的精神状态；规定工作人员的资格，包括作业技能、安全资质和特殊工种资质。

3）备品备件：根据检修项目确定所需的备品备件。

4）工器具：专用工具、常用工器具、仪器仪表、电源设施、消防器材等。

5）材料：消耗性材料、装置性材料等。

6）定置图及围栏图：规定检修现场所需材料、工器具的放置位置及现场围栏装设位置，如××变电站××kV 线路保护装置检修定置图及围栏图。

7）危险点分析和安全措施：保护试验过程中与相邻屏柜的隔离措施；各类工器具、试验仪器使用的措施；特殊工作措施，如高处作业、电气焊、油气处理、汽油的使用管理等；专业交叉作业措施，如高压试验、保护传动等；对危险点、相邻带电部位所采取的措施；工作票中所规定的安全措施；规定着装。

8）人员分工：明确作业人员所承担的具体作业任务。

（5）流程图。根据检修设备的结构，将现场作业的全过程以最佳的检修顺序，对检修项目完成时间进行量化，明确完成时间和责任人，而形成的检修流程，如××变电站××kV线路保护装置大修流程图。

（6）作业程序及工艺标准。

1）开工：规定办理开工许可手续前应检查落实的内容；规定开工会的内容；规定现场到位人员。

2）检修电源的使用：规定电源接取的位置；规定配电箱的配置；规定接取电源的注意事项，对导线的要求。

3）动火：规定动火人员的资格、防护措施；规定消防措施；规定动火前的检查项目。

4）检修内容和工艺标准：按照检修流程图，对每一个检修项目，明确工艺标准、安全措施及注意事项，记录检修结果和责任人。

5）竣工：规定工作结束后的注意事项。如清理工作现场、关闭检修电源、清点工具、回收材料、办理工作票终结等。

（7）验收记录。验收记录包括：

1）记录改进和更换的零部件。

2）存在问题及处理意见。

3）检修班组验收意见及签字。

4）运行单位验收意见及签字。

5）检修车间验收意见及签字。

6）公司验收意见及签字。

（8）作业指导书执行情况评估。

1）对指导书的符合性、可操作性进行评价。

2）对可操作项、不可操作项、修改项、遗漏项、存在问题做出统计。

3）提出改进意见。

（9）附录。附录包括：

1）设备主要技术参数。

2）调试数据记录。

现场标准化作业指导书（卡）范例见附录A。

三、标准化作业指导书（现场执行卡）的编制

按照简化、优化、实用化的要求，现场标准化作业根据不同的作业类型，采用风险控制卡、工序质量控制卡，重大检修项目应编制施工方案。风险控制卡、工序质量控制卡统称现场执行卡。

现场执行卡的编写和使用应遵守以下原则：

（1）符合安全生产法规、规定、标准、规程的要求，具有实用性和可操作性。内容应简单、明了、无歧义。

（2）应针对现场和作业对象的实际，进行危险点分析，制定相应的防范措施，体现对现场作业的全过程控制，对设备及人员行为实现全过程管理，不能简单照搬照抄范本。

（3）现场执行卡的使用应体现差异化，根据作业负责人技能等级区别使用不同级别的现场执行卡。

（4）应重点突出现场安全管理，强化作业中工艺流程的关键步骤。

（5）原则上，凡使用工作票的停电检修作业，应同时对应每份工作票编写和使用一份现场执行卡。对于部分作业指导书包含的复杂作业，也可根据现场实际需要对应一份或多份现场执行卡。

（6）涉及多专业的作业，各有关专业要分别编制和使用各自专业的现场执行卡，现场执行卡在作业程序上应能实现相互之间的有机结合。

变电检修现场执行卡采用分级编制的原则，根据工作负责人的技能水平和工作经验使用不同等级的现场执行卡。设定工作负责人等级区分办法，根据各工作负责人的技能等级和工作经验及能力综合评定，并每年审核下发负责人等级名单。工作负责人应依据单位认定的技能等级采用相应的现场执行卡。

现场执行卡的内容补充、审核和批准应按规定执行。原则上，110kV 及以下输变电设备的 C 级及以下检修在专业室完成审批，220kV 及以上的输变电设备 C 级及以下检修由各单位运检部批准，可能引起 110kV 变电站全停风险的作业由各单位负责生产的副总师批准，可能引起多个 110kV 变电站全停或 220kV 变电站全停及更大风险的作业由各单位主管生产的领导批准并报省公司运检部。

四、现场标准化作业指导书（现场执行卡）的应用

现场标准化作业对列入生产计划的各类现场作业均必须使用经过批准的

现场标准化作业指导书（现场执行卡）。各单位在遵循现场标准化作业基本原则的基础上，根据实际情况对现场标准化作业指导书（现场执行卡）的使用做出明确规定，并可以采用必要的方便现场作业的措施。

（1）现场标准化作业指导书（现场执行卡）在使用前必须进行专题学习和培训，保证作业人员熟练掌握作业程序和各项安全、质量要求。

（2）在现场作业实施过程中，工作负责人对现场标准化作业指导书（现场执行卡）按作业程序的正确执行负全面责任。工作负责人应亲自或指定专人按现场执行步骤填写、逐项打钩和签名，不得跳项和漏项，并做好相关记录。有关人员也必须履行签字手续。

（3）依据现场标准化作业指导书（现场执行卡）进行工作过程中，如发现与现场实际、相关图纸及有关规定不符等情况时，应由工作负责人根据现场实际情况及时修改现场标准化作业指导书（现场执行卡），并经现场标准化作业指导书（现场执行卡）审批人同意后，方可继续按现场标准化作业指导书（现场执行卡）进行作业。作业结束后，现场标准化作业指导书（现场执行卡）审批人应履行补签字手续。

（4）依据现场标准化作业指导书（现场执行卡）进行工作过程中，如发现设备存在事先未发现的缺陷和异常，应立即汇报工作负责人，并进行详细分析，制定处理意见，并经现场标准化作业指导书（现场执行卡）审批人同意后，方可进行下一项工作。设备缺陷或异常情况及处理结果，应详细记录在场标准化作业指导书（现场执行卡）中。作业结束后，现场标准化作业指导书（现场执行卡）审批人应履行补签字手续。

（5）作业完成后，工作负责人应对现场标准化作业指导书（现场执行卡）的应用情况作出评估，明确修改意见，并在作业完工后及时反馈给现场标准化作业指导书（现场执行卡）编制人。

（6）事故抢修、紧急缺陷处理等突发临时性工作，应尽量使用现场标准化作业指导书（现场执行卡）。在条件不允许的情况下，可不使用现场标准化作业指导书（现场执行卡），但要按照标准化作业的要求，在工作开始前进行危险点分析并采取相应安全措施。

（7）对大型、复杂、不常进行、危险性较大的作业，应编制风险控制卡、工序质量控制卡和施工方案，并同时使用作业指导书；对危险性相对较小的作业，规模一般的作业，单一设备的简单和常规作业，作业人员较熟悉的作业，应在对作业指导书进行充分熟悉的基础上，编制和使用现场执行卡。

五、标准化作业指导书（现场执行卡）的管理

标准化作业应按分层管理原则对现场标准化作业指导书（现场执行卡）明确归口管理部门。公司各单位应明确现场标准化作业指导书（现场执行卡）管理的负责人、专责人，负责现场标准化作业的严格执行。

（1）现场标准化作业指导书一经批准，不得随意更改。如因现场作业环境发生变化、指导书与实际不符等情况需要更改时，必须立即修订并履行相应的批准手续后才能继续执行。

（2）执行过的标准化作业指导书（现场执行卡）应经评估、签字、主管部门审核后存档。检修作业指导书保存不少于一个检修周期。

（3）现场标准化作业指导书实施动态管理。应及时进行检查总结、补充完善。作业人员应及时填写使用评估报告，对指导书的针对性、可操作性进行评价，提出改进意见，并结合实际进行修改。工作负责人和归口管理部门应对作业指导书的执行情况进行监督检查，并定期对作业指导书及其执行情况进行评估，将评估结果及时反馈给编写人员，以指导日后的编写。

（4）对于未使用现场标准化作业指导书进行的事故抢修、紧急缺陷处理等突发临时性工作，应在工作完成后，及时补充编写针对性现场标准化作业指导书，用于今后类似工作。

（5）积极探索，采用现代化的管理手段，开发现场标准化作业管理软件，逐步实现现场标准化作业信息网络化。

第二章

保证安全的组织措施和技术措施

第一节　保证安全的组织措施

在电气设备上工作，保证安全的组织措施包括：现场勘察制度；工作票制度；工作许可制度；工作监护制度；工作间断、转移和终结制度。

一、现场勘察制度

变电检修（施工）作业，工作票签发人或工作负责人认为有必要现场勘察的，检修（施工）单位应根据工作任务组织现场勘察，并填写现场勘察记录。现场勘察由工作票签发人或工作负责人组织。

二、工作票制度

1. 工作票

（1）在电气设备上的工作，应填用工作票或事故紧急抢修单，其方式有以下 6 种：

1）填用变电站（发电厂）第一种工作票。

2）填用电力电缆第一种工作票。

3）填用变电站（发电厂）第二种工作票。

4）填用电力电缆第二种工作票。

5）填用变电站（发电厂）带电作业工作票。

6）填用变电站（发电厂）事故紧急抢修单。

（2）二次系统下列作业应填用变电站（发电厂）第一种工作票：

1）在高压室遮栏内或与导电部分小于表 1－1 规定的安全距离进行继电保护、安全自动装置和仪表等及其二次回路的检查试验时，需将高压设备停电者。

2）在高压设备继电保护、安全自动装置和仪表、自动化监控系统等及其二次回路上工作需将高压设备停电或做安全措施者。

3）通信系统同继电保护、安全自动装置等复用通道（包括载波、微波、光纤通道等）的检修、联动试验，需将高压设备停电或做安全措施者。

4）在经继电保护出口跳闸的发电机组热工保护、水车保护及其相关回路上工作，需将高压设备停电或做安全措施者。

（3）二次系统下列作业应填用变电站（发电厂）第二种工作票：

1）继电保护装置、安全自动装置、自动化监控系统在运行中改变装置原有定值时，不影响一次设备正常运行的工作。

2）对于连接电流互感器或电压互感器二次绕组并装在屏柜上的继电保护、安全自动装置上的工作，可以不停用所保护的高压设备或不需做安全措施者。

3）在继电保护、安全自动装置、自动化监控系统等及其二次回路，以及在通信复用通道设备上检修及试验工作，可以不停用高压设备或不需做安全措施者。

4）在经继电保护出口的发电机组热工保护、水车保护及其相关回路上工作，可以不停用高压设备或不需做安全措施者。

（4）检修中遇有下列情况应填用二次工作安全措施票：

1）在运行设备的二次回路上进行拆、接线工作。

2）在对检修设备执行隔离措施时，需拆断、短接和恢复同运行设备有联系的二次回路工作。

（5）事故紧急抢修应填用工作票或事故紧急抢修单。非连续进行的事故修复工作，应使用工作票。

2. 工作票的填写与签发

（1）工作票应使用黑色或蓝色的钢（水）笔或圆珠笔填写与签发，一式两份，内容应正确，填写应清楚，不得任意涂改。如有个别错、漏字需要修改，应使用规范的符号，字迹应清楚。

（2）用计算机生成或打印的工作票应使用统一的票面格式，由工作票签发人审核无误，手工或电子签名后方可执行。

工作票一份应保存在工作地点，由工作负责人收执；另一份由工作许可人收执，按值移交。工作许可人应将工作票的编号、工作任务、许可及终结时间记入登记簿。

（3）一张工作票中，工作许可人与工作负责人不得互相兼任。若工作票签发人兼任工作许可人或工作负责人，应具备相应的资质，并履行相应的安全责任。

（4）工作票由工作负责人填写，也可以由工作票签发人填写。

（5）工作票由设备运维管理单位签发，也可由经设备运维管理单位审核合格且经批准的检修及基建单位签发。检修及基建单位的工作票签发人、工作负责人名单应事先送有关设备运维管理单位、调度控制中心备案。

（6）承发包工程中，工作票可实行“双签发”形式。签发工作票时，双方工作票签发人在工作票上分别签名，各自承担本部分工作票签发人相应的安全责任。

（7）第一种工作票所列工作地点超过两个，或有两个及以上不同的工作单位（班组）在一起工作时，可采用总工作票和分工作票。总、分工作票应由同一个工作票签发人签发。总工作票上所列的安全措施应包括所有分工作票上所列的安全措施。几个班同时进行工作时，总工作票的工作班成员栏内，只填明各分工作票的负责人，不必填写全部工作班人员姓名。分工作票上要填写工作班人员姓名。

总、分工作票在格式上与第一种工作票一致。

分工作票应一式两份，由总工作票负责人和分工作票负责人分别收执。分工作票的许可和终结，由分工作票负责人与总工作票负责人办理。分工作票应在总工作票许可后才可许可；总工作票应在所有分工作票终结后才可终结。

（8）供电单位或施工单位到用户变电站内施工时，工作票应由有权签发工作票的用户单位、施工单位或供电单位签发。

3. 工作票的使用

（1）一个工作负责人不能同时执行多张工作票，工作票上所列的工作地点以一个电气连接部分为限。

所谓一个电气连接部分是指电气装置中，可以用隔离开关（刀闸）同其他电气装置分开的部分。

直流双极停用，换流变压器及所有高压直流设备均可视为一个电气连接部分。

直流单极运行，停用极的换流变压器、阀厅、直流场设备、水冷系统可视为一个电气连接部分。双极公共区域为运行设备。

（2）一张工作票上所列的检修设备应同时停、送电，开工前工作票内的全部安全措施应一次完成。若至预定时间，一部分工作尚未完成，需继续工作而不妨碍送电者，在送电前应按照送电后现场设备带电情况，办理新的工作票，布置好安全措施后方可继续工作。

（3）若以下设备同时停、送电，可使用同一张工作票：

1）属于同一电压等级、位于同一平面场所，工作中不会触及带电导体的几个电气连接部分。

2）一台变压器停电检修，其断路器（开关）也配合检修。

3）全站停电。

（4）同一变电站内在几个电气连接部分上依次进行不停电的同一类型的工作，可以使用一张第二种工作票。

（5）在同一变电站内，依次进行的同一类型的带电作业可以使用一张带电作业工作票。

（6）持线路或电缆工作票进入变电站或发电厂升压站进行架空线路、电缆等工作，应增填工作票份数，由变电站或发电厂工作许可人许可，并留存。

上述单位的工作票签发人和工作负责人名单应事先送有关运维单位备案。

（7）需要变更工作班成员时，应经工作负责人同意，在对新的作业人员进行安全交底手续后，方可进行工作。非特殊情况不得变更工作负责人，如确需变更工作负责人应由工作票签发人同意并通知工作许可人，工作许可人将变动情况记录在工作票上。工作负责人允许变更一次。原、现工作负责人应对工作任务和安全措施进行交接。

（8）在原工作票的停电及安全措施范围内增加工作任务时，应由工作负责人征得工作票签发人和工作许可人同意，并在工作票上增填工作项目。若需变更或增设安全措施者应填用新的工作票，并重新履行签发许可手续。

（9）变更工作负责人或增加工作任务，如工作票签发人和工作许可人无法当面办理，应通过电话联系，并在工作票登记簿和工作票上注明。

（10）第一种工作票应在工作前一日送达运维人员，可直接送达或通过传真、局域网传送，但传真传送的工作票许可应待正式工作票到达后履行。临时工作可在工作开始前直接交给工作许可人。

第二种工作票和带电作业工作票可在进行工作的当天预先交给工作许可人。

（11）工作票有破损不能继续使用时，应补填新的工作票，并重新履行签发许可手续。

4. 工作票的有效期与延期

（1）第一、二种工作票和带电作业工作票的有效时间，以批准的检修期为限。

（2）第一、二种工作票需办理延期手续，应在工期尚未结束以前由工作负责人向运维负责人提出申请（属于调控中心管辖、许可的检修设备，还应通过值班调控人员批准），由运维负责人通知工作许可人给予办理。第一、二种工作票只能延期一次。带电作业工作票不准延期。

5. 工作票所列人员的基本条件

（1）工作票签发人应是熟悉人员技术水平、熟悉设备情况、熟悉《变电安规》，并具有相关工作经验的生产领导人、技术人员或经本单位批准的人员。工作票签发人员名单应公布。

（2）工作负责人（监护人）应是具有相关工作经验，熟悉设备情况和《变电安规》，经工区（车间）批准的人员。工作负责人还应熟悉工作班成员的工作能力。

（3）工作许可人应是经工区批准的有一定工作经验的运维人员或检修操作人员（进行该工作任务操作及做安全措施的人员）；用户变电站、配电站的工作许可人应是持有效证书的高压电气工作人员。

（4）专责监护人应是具有相关工作经验，熟悉设备情况和《变电安规》的人员。

6. 工作票所列人员的安全责任

（1）工作票签发人：

1）确认工作必要性和安全性。

2）确认工作票上所填安全措施是否正确完备。

3）确认所派工作负责人和工作班人员是否适当和充足。

（2）工作负责人（监护人）：

1）正确组织工作。

2）检查工作票所列安全措施是否正确完备，是否符合现场实际条件，必要时予以补充完善。

3）工作前，对工作班成员进行工作任务、安全措施、技术措施交底和危险点告知，并确认每个工作班成员都已签名。

4）严格执行工作票所列安全措施。

5）监督工作班成员遵守《变电安规》，正确使用劳动防护用品和安全工器具，并执行现场安全措施。

6）关注工作班成员身体状况和精神状态是否出现异常迹象，人员变动是否合适。

（3）工作许可人：

1）负责审查工作票所列安全措施是否正确、完备，是否符合现场条件。

2）工作现场布置的安全措施是否完善，必要时予以补充。

3）负责检查检修设备有无突然来电的危险。

4）对工作票所列内容即使发生很小疑问，也应向工作票签发人询问清楚，必要时应要求做详细补充。

（4）专责监护人：

1）确认被监护人员和监护范围。

2）工作前，对被监护人员交代监护范围内的安全措施、告知危险点和安全注意事项。

3）监督被监护人员遵守《变电安规》和现场安全措施，及时纠正被监护人员的不安全行为。

（5）工作班成员：

1）熟悉工作内容、工作流程，掌握安全措施，明确工作中的危险点，并在工作票上履行交底签名确认手续。

2）服从工作负责人（监护人）、专责监护人的指挥，严格遵守《变电安规》和劳动纪律，在确定的作业范围内工作，对自己在工作中的行为负责，互相关心工作安全。

3）正确使用施工器具、安全工器具和劳动防护用品。

三、工作许可制度

（1）工作许可人在完成施工现场的安全措施后，还应完成以下手续，工作班方可开始工作：

1）会同工作负责人到现场再次检查所做的安全措施，对具体的设备指明实际的隔离措施，证明检修设备确无电压。

2）对工作负责人指明带电设备的位置和注意事项。

3）和工作负责人在工作票上分别确认、签名。

（2）运维人员不得变更有关检修设备的运行接线方式。工作负责人、工作许可人任何一方不得擅自变更安全措施，工作中如有特殊情况需要变更时，应先取得对方的同意并及时恢复。变更情况及时记录在值班运行日志内。

（3）变电站（发电厂）第二种工作票可采取电话许可方式，但应录音，并各自做好记录。采取电话许可的工作票，工作所需安全措施可由工作人员自行布置，工作结束后应汇报工作许可人。

四、工作监护制度

（1）工作许可手续完成后，工作负责人、专责监护人应向工作班成员交代工作内容、人员分工、带电部位和现场安全措施，进行危险点告知，并履行确认手续，工作班方可开始工作。工作负责人、专责监护人应始终在工作现场，对工作班人员的安全认真监护，及时纠正不安全的行为。

（2）所有工作人员（包括工作负责人）不许单独进入、滞留在高压室、阀厅内和室外高压设备区内。

若工作需要（如测量极性、回路导通试验、光纤回路检查等），而且现场设备允许时，可以准许工作班中有实际经验的一个人或几人同时在他室进行工作，但工作负责人应在事前将有关安全注意事项予以详尽的告知。

（3）工作负责人、专责监护人应始终在工作现场。

工作票签发人或工作负责人，应根据现场的安全条件、施工范围、工作需要等具体情况，增设专责监护人和确定被监护的人员。

专责监护人不得兼做其他工作。专责监护人临时离开时，应通知被监护人员停止工作或离开工作现场，待专责监护人回来后方可恢复工作。若专责监护人必须长时间离开工作现场时，应由工作负责人变更专责监护人，履行变更手续，并告知全体被监护人员。

（4）工作期间，工作负责人若因故暂时离开工作现场时，应指定能胜任的人员临时代替，离开前应将工作现场交代清楚，并告知工作班成员。原工作负责人返回工作现场时，也应履行同样的交接手续。

若工作负责人必须长时间离开工作现场时，应由原工作票签发人变更工作负责人，履行变更手续，并告知全体作业人员及工作许可人。原、现工作负责人应做好必要的交接。

五、工作间断、转移和终结制度

（1）工作间断时，工作班人员应从工作现场撤出。每日收工，应清扫工作地点，开放已封闭的通道，并电话告知工作许可人。若工作间断后所有安全措施和接线方式保持不变，工作票可由工作负责人执存。次日复工时，工作负责人应电话告知工作许可人，并重新认真检查确认安全措施是否符合工作票要求。间断后继续工作，若无工作负责人或专责监护人带领，作业人员不得进入工作地点。

（2）在未办理工作票终结手续以前，任何人员不准将停电设备合闸送电。

在工作间断期间，若有紧急需要，运维人员可在工作票未交回的情况下合闸送电，但应先通知工作负责人，在得到工作班全体人员已经离开工作地点、可以送电的答复后方可执行，并应采取下列措施：

1）拆除临时遮栏、接地线和标示牌，恢复常设遮栏，换挂“止步，高压危险！”的标示牌。

2）应在所有道路派专人守候，以便告诉工作班人员“设备已经合闸送电，不得继续工作”，守候人员在工作票未交回以前，不得离开守候地点。

（3）检修工作结束以前，若需将设备试加工作电压，应按下列条件进行：

1）全体作业人员撤离工作地点。

2）将该系统的所有工作票收回，拆除临时遮栏、接地线和标示牌，恢复常设遮栏。

3）应在工作负责人和运维人员进行全面检查无误后，由运维人员进行加压试验。

工作班若需继续工作时，应重新履行工作许可手续。

（4）在同一电气连接部分用同一张工作票依次在几个工作地点转移工作时，全部安全措施由运维人员在开工前一次做完，不需再办理转移手续。但工作负责人在转移工作地点时，应向作业人员交代带电范围、安全措施和注意事项。

（5）全部工作完毕后，工作班应清扫、整理现场。工作负责人应先周密地检查，待全体作业人员撤离工作地点后，再向运维人员交代所修项目、发现的问题、试验结果和存在问题等，并与运维人员共同检查设备状况、状态，有无遗留物件，是否清洁等，然后在工作票上填明工作结束时间。经双方签名后，表示工作终结。

待工作票上的临时遮栏已拆除，标示牌已取下，已恢复常设遮栏，未拆除的接地线、未拉开的接地刀闸（装置）等设备运行方式已汇报调控人员，工作票方告终结。

（6）只有在同一停电系统的所有工作票都已终结，并得到值班调控人员或运维负责人的许可指令后，方可合闸送电。

（7）已终结的工作票、事故紧急抢修单应保存1年。

第二节　保证安全的技术措施

在电气设备上工作，保证安全的技术措施包括停电、验电、接地、悬挂标示牌和装设遮栏（围栏）。上述措施由运维人员或有权执行操作的人员执行。

一、停电

（1）工作地点应停电的设备如下：

1）检修的设备。

2）与作业人员在进行工作中正常活动范围的距离小于表2－1规定的设备。

表2－1　作业人员工作中正常活动范围与设备带电部分的安全距离

电压等级（kV）	安全距离（m）	电压等级（kV）	安全距离（m）
10及以下（13.8）	0.35	1000	9.50
20、35	0.60	±50及以下	1.50
66、110	1.50	±400	6.70
220	3.00	±500	6.80
330	4.00	±660	9.00
500	5.00	±800	10.10
750	8.00		

注：表中未列电压按高一档电压等级的安全距离。

3）在35kV及以下的设备处工作，安全距离虽大于表2－1规定，但小于表1－1规定，同时又无绝缘隔板、安全遮栏措施的设备。

4）带电部分在工作人员后面、两侧、上下，且无可靠安全措施的设备。

5）其他需要停电的设备。

（2）检修设备停电，应把各方面的电源完全断开（任何运行中的星形接线设备的中性点，应视为带电设备）。禁止在只经断路器（开关）断开电源或只经换流器闭锁隔离电源的设备上工作。应拉开隔离开关，手车开关应拉至试验或检修位置，应使各方面有一个明显的断开点，若无法观察到停电设备的断开点，应有能够反映设备运行状态的电气和机械等指示。与停电设备有关的变压器和电压互感器，应将设备各侧断开，防止向停电检修设备反送电。

（3）检修设备和可能来电侧的断路器（开关）、隔离开关（刀闸）应断开控制电源和合闸电源，隔离开关（刀闸）操作把手应锁住，确保不会误送电。

（4）对难以做到与电源完全断开的检修设备，可以拆除设备与电源之间的电气连接。

二、验电

（1）验电时，应使用相应电压等级且合格的接触式验电器，在装设接地线或合接地刀闸（装置）处对各相分别验电。验电前，应先在有电设备上进行试验，确认验电器良好；无法在有电设备上进行试验时，可用工频高压发生器等确认验电器良好。

（2）高压验电应戴绝缘手套。验电器的伸缩式绝缘棒长度应拉足，验电时手应握在手柄处，不得超过护环，人体应与验电设备保持表 1－1 中规定的距离。雨雪天气时不得进行室外直接验电。

（3）对无法进行直接验电的设备、高压直流输电设备和雨雪天气时的户外设备，可以进行间接验电，即通过设备的机械指示位置、电气指示、带电显示装置、仪表及各种遥测、遥信等信号的变化来判断。判断时，至少应有两个非同样原理或非同源的指示发生对应变化，且所有这些确定的指示均已同时发生对应变化，才能确认该设备已无电。以上检查项目应填写在操作票中作为检查项。检查中若发现其他任何信号有异常，均应停止操作，查明原因。若进行遥控操作，可采用上述的间接方法或其他可靠的方法进行间接验电。

330kV 及以上的电气设备，可采用间接验电方法进行验电。

（4）表示设备断开和允许进入间隔的信号、经常接入的电压表等，如果指示有电，在排除异常情况前，禁止在设备上工作。

三、接地

（1）装设接地线应由两人进行（经批准可以单人装设接地线的项目及运维人员除外）。

（2）当验明设备确已无电压后，应立即将检修设备接地并三相短路。电缆及电容器接地前应逐相充分放电，星形接线电容器的中性点应接地，串联电容器及与整组电容器脱离的电容器应逐个多次放电，装在绝缘支架上的电容器外壳也应放电。

（3）对于可能送电至停电设备的各方面都应装设接地线或合上接地刀闸（装置），所装接地线与带电部分应考虑接地线摆动时仍符合安全距离的规定。

（4）对于因平行或邻近带电设备导致检修设备可能产生感应电压时，应加装工作接地线或使用个人保安线，加装的接地线应登录在工作票上，个人保安线由工作人员自装自拆。

（5）在门型构架的线路侧进行停电检修，如工作地点与所装接地线的距离小于 10m，工作地点虽在接地线外侧，也可不另装接地线。

（6）检修部分若分为几个在电气上不相连接的部分（如分段母线以隔离开关或断路器隔开分成几段），则各段应分别验电接地短路。降压变电站全部停电时，应将各个可能来电侧的部分接地短路，其余部分不必每段都装设接地线或合上接地刀闸（装置）。

（7）接地线、接地刀闸与检修设备之间不得连有断路器（开关）或熔断器。若由于设备原因，接地刀闸与检修设备之间连有断路器（开关），在接地刀闸和断路器（开关）合上后，应有保证断路器（开关）不会分闸的措施。

（8）在配电装置上，接地线应装在该装置导电部分的规定地点，应去除这些地点的油漆或绝缘层，并划有黑色标记。所有配电装置的适当地点，均应设有与接地网相连的接地端，接地电阻应合格。接地线应采用三相短路式接地线，若使用分相式接地线时，应设置三相合一的接地端。

（9）装设接地线应先接接地端，后接导体端，接地线应接触良好，连接应可靠。拆接地线的顺序与此相反。装、拆接地线导体端均应使用绝缘棒和戴绝缘手套。人体不得碰触接地线或未接地的导线，以防止触电。带接地线拆设备接头时，应采取防止接地线脱落的措施。

（10）成套接地线应用有透明护套的多股软铜线和专用线夹组成，接地线截面积不得小于 25mm²，同时应满足装设地点短路电流的要求。禁止使用其他导线接地或短路。接地线应使用专用的线夹固定在导体上，禁止用缠绕的方法进行接地或短路。

（11）禁止作业人员擅自移动或拆除接地线。高压回路上的工作，必须要拆除全部或一部分接地线后始能进行工作者（如测量母线和电缆的绝缘电阻，测量线路参数，检查断路器触头是否同时接触），如：

1）拆除一相接地线；

2）拆除接地线，保留短路线；

3）将接地线全部拆除或拉开接地刀闸（装置）。

上述工作应征得运维人员的许可（根据调控人员指令装设的接地线，应征得调控人员的许可），方可进行。工作完毕后立即恢复。

（12）每组接地线及其存放位置均应编号，接地线号码与存放位置号码应一致。

（13）装、拆接地线，应做好记录，交接班时应交代清楚。

四、悬挂标示牌和装设遮栏（围栏）

（1）在一经合闸即可送电到工作地点的断路器（开关）和隔离开关（刀闸）的操作把手上，均应悬挂“禁止合闸，有人工作！”的标示牌。

如果线路上有人工作，应在线路断路器（开关）和隔离开关（刀闸）操作把手上悬挂“禁止合闸，线路有人工作！”的标示牌。

对由于设备原因，接地刀闸（装置）与检修设备之间连有断路器（开关），在接地刀闸（装置）和断路器（开关）合上后，在断路器（开关）操作把手上，应悬挂“禁止分闸！”的标示牌。

在显示屏上进行操作的断路器（开关）或隔离开关（刀闸）的操作处应设置“禁止合闸，有人工作！”或“禁止合闸，线路有人工作！”以及“禁止分闸！”的标记。

（2）部分停电的工作，安全距离小于表 1－1 规定距离以内的未停电设备，应装设临时遮栏，临时遮栏与带电部分的距离不得小于表 2－1 的规定数值，临时遮栏可用干燥木材、橡胶或其他坚韧绝缘材料制成，装设应牢固，并悬挂“止步，高压危险！”的标示牌。35kV 及以下设备可用与带电部分直接接触的绝缘隔板代替临时遮拦。绝缘隔板的绝缘性能应符合要求。

（3）在室内高压设备上工作，应在工作地点两旁及对面运行设备间隔的遮栏（围栏）上和禁止通行的过道遮栏（围栏）上悬挂“止步，高压危险！”的标示牌。

（4）高压断路器柜内手车开关拉出后，隔离带电部位的挡板封闭后禁止开启，并设置“止步，高压危险！”的标示牌。

（5）在室外高压设备上工作，应在工作地点四周装设围栏，其出入口要围至临近道路旁边，并设有“从此进出！”的标示牌。工作地点四周围栏上悬挂适当数量的“止步，高压危险！”标示牌，标示牌应朝向围栏里面。若室外配电装置的大部分设备停电，只有个别地点保留有带电设备而其他设备无触及带电导体的可能时，可以在带电设备四周装设全封闭围栏，围栏上悬挂适当数量的“止步，高压危险！”标示牌，标示牌应朝向围栏外面。禁止越过围栏。

（6）在工作地点设置“在此工作！”的标示牌。

（7）在室外构架上工作，则应在工作地点邻近带电部分的横梁上，悬挂“止步，高压危险！”的标示牌。在工作人员上下的铁架或梯子上，应悬挂“从此上下！”的标示牌。在邻近其他可能误登的带电构架上，应悬挂“禁止攀登，高压危险！”的标示牌。

（8）禁止作业人员擅自移动或拆除遮栏（围栏）、标示牌。因工作原因必须短时移动或拆除遮栏（围栏）、标示牌，应征得工作许可人同意，并在工作负责人的监护下进行。完毕后应立即恢复。

（9）直流换流站单极停电工作，应在双极公共区域设备与停电区域之间设置围栏，在围栏面向停电设备及运行阀厅门口悬挂“止步，高压危险！”标示牌。在检修阀厅和直流场设备处设置“在此工作！”的标示牌。

第三章

作业项目安全风险管控

第一节 概 述

为贯彻安全第一、预防为主、综合治理方针，推进电网企业安全风险管理工作，规范作业安全风险的辨识、评估和控制方法，本节依据《国家电网有限公司作业安全风险管控工作规定》和《国家电网有限公司作业安全风险预警管控工作规范》，阐述作业项目安全风险控制的职责与分工，计划管理、风险识别、评估定级等环节的方法及要求，以对作业安全风险实施超前分析和流程化控制，形成流程规范、措施明确、责任落实、可控在控的安全风险管控机制。

一、风险辨识

风险辨识是指辨识风险的存在并确定其特性的过程，包括静态风险辨识、动态风险辨识、作业项目风险辨识。

静态风险辨识是依据《国家电网公司供电企业安全风险评估规范》（以下简称《评估规范》）等事先拟好的检查清单对现场风险因素进行辨识，制定风险控制措施。静态风险辨识主要开展三个方面的工作：① 设备、环境的风险识别；② 人员素质及管理的风险识别；③ 风险数据库的建立与应用。其中，设备、环境的风险识别，依据《评估规范》第一、二章的要求，有计划、有目的地开展设备、环境、工器具、劳动防护以及物料等静态风险地识别，找出存在的危险因素；人员素质及管理的风险识别，依据《评估规范》第三、五章的要求开展，可进行自查，也可由专家组或专业第三方机构对人员素质和安全生产综合管理开展周期性地识别，查找影响安全的危险因素；现场管理的风险识别，依据《评估规范》第四章的要求，结合作业风险控制开展动态的识别。

动态风险辨识是对照《作业安全风险辨识范本》对作业过程中的风险因素

进行辨识。

作业项目风险辨识是采用三维辨识法对整个项目所包含的风险因素进行辨识。三维辨识法是指通过对照《作业安全风险辨识范本》辨识作业过程中的动态风险、查看《作业安全风险库》辨识作业过程中的静态风险、现场踏勘确认风险的一种方法。

二、风险评估

风险评估是指对事故发生的可能性和后果进行分析与评估，并给出风险等级的过程。风险等级分为一般、较大、重大三级。静态风险评估一般采用 LEC 法，动态风险评估一般采用 PR 法。

1. LEC 法

LEC 法是根据风险发生的可能性、暴露在生产环境下的频度、导致后果的严重性，针对静态风险所采取的一种风险评估方法。

风险值 D 的计算公式为：

$$D = LEC$$

L 为发生事故的可能性大小。事故发生的可能性大小，当用概率来表示时，绝对不可能发生的事故概率为 0；而必然发生的事故概率为 1。然而，从系统安全角度考察，绝对不发生事故是不可能的，所以人为地将发生事故的可能性极小的分数定为 0.1，而必然发生的事故分数定为 10，事故发生的可能性如表 3－1 所示。

表 3－1　事故发生的可能性（L）

事故发生的可能性（发生的概率）	分数值
完全可能预料（100%可能）	10
相当可能（50%可能）	6
可能，但不经常（25%可能）	3
可能性小，完全意外（10%可能）	1
很不可能，可以设想（1%可能）	0.5
极不可能（小于 1%可能）	0.1

E 为暴露于危险的频繁程度。人员出现在危险环境中的时间越多，则危险性越大。规定连续出现在危险环境的情况定为 10，而非常罕见地出现在危险环

境中定为 0.5，介于两者之间的各种情况规定若干个中间值，如表 3-2 所示。

表 3-2　暴露于危险环境频度（*E*）

暴露频度	分数值
持续：每天多次	10
频繁：每天一次	6
有时：每天一次～每月一次	3
较少：每月一次～每年一次	2
很少：50 年一遇	1
特少：100 年一遇	0.5

C 为发生事故的严重性。事故所造成的人身伤害或电网损失的变化范围很大，所以规定分数值为 1～100，把造成仅需要救护的伤害及设备或电网异常运行的分数定为 1，把造成重大及以上人身、设备、电网事故的分数定为 100，其他情况的数值定为 1～100 之间，如表 3-3 所示。

表 3-3　发生事故的严重性（*C*）

分数值	后果	
	人身	电网设备
100	可能造成特大人身死亡事故者	可能造成特大设备事故者；可能引起特大电网事故者
40	可能造成重大人身死亡事故者	可能造成重大设备事故者；可能引起重大电网事故者
15	可能造成一般人身死亡事故或多人重伤者	可能造成一般设备事故者；可能引起一般电网事故者
7	可能造成人员重伤事故或多人轻伤事故者	可能造成设备一类障碍者；可能造成电网一类障碍者
3	可能造成人员轻伤事故者	可能造成设备二类障碍者；可能造成电网二类障碍者
1	仅需要救护的伤害	可能造成设备或电网异常运行

风险值 *D* 计算出后，关键是如何确定风险级别的界限值，这个界限值并不是长期固定不变的。在不同时期，企业应根据其具体情况来确定风险级别的界限值。表 3-4 可作为确定风险程度的风险值界限的参考标准。

表 3－4　　风险程度与风险值的对应关系

风险程度	风险值
重大风险	$D \geqslant 160$
较大风险	$70 \leqslant D < 160$
一般风险	$D < 70$

实例：某供电企业 500kV 某变电站围墙南侧出线塔下方原土建单位搭建的临时工棚，在投运之后仍未拆除，由于无人管理成为危房，台风或大风天气吹起轻飘物会危及设备的安全运行。同时，500kV 场地东南侧搭建的种植西瓜的薄膜大棚在台风季节也会严重影响变电站的安全运行。

L 的确定：大风或台风天气的出现概率不大，加之可被风吹起的轻飘物固定不牢发生的概率也不大，可定值为 1。

E 的确定：从地理角度上属于连续暴露，所以定值为 10。

C 的确定：危险源离变电站 500kV 场地很近，极有可能导致 500kV 母差保护动作，按《国家电网公司安全事故调查规程》核定为一般电网事故，属于非常严重，所以定值 15。

按 $D=LEC$，得出风险值为 150，其值大于 70 但小于 160，故风险等级确定为“较大风险”。这样就为下一步的风险控制确定了目标。

2. PR 法

PR 法是根据风险发生的可能性、导致后果的严重性，针对动态风险所采取的一种风险评估方法。

P 值代表事故发生的可能性（possible），即在风险已经存在的前提下发生事故的可能性。按照事故的发生率将 *P* 值分为四个等级，如表 3－5 所示。

表 3－5　　可能性定性定量评估标准表（*P*）

级别	可能性	含义
4	几乎肯定发生	事故非常可能发生，发生概率在 50%以上
3	很可能发生	事故很可能发生，发生概率为 10%～50%
2	可能发生	事故可能发生，发生概率为 1%～10%
1	发生可能性很小	事故仅在例外情况下发生，发生概率在 1%以下

R 值代表后果严重性（result），即在此风险导致事故发生之后，造成对人

身、电网或者设备的危害程度。根据《国家电网有限公司安全事故调查规程》的分类，将 R 值分为特大、重大、一般、轻微四个级别，如表 3－6 所示。

表 3－6　　严重性定性定量评估标准表（R）

级别	后果	严重性	
		人身	电网设备
4	特大	可能造成重大及以上人身死亡事故者	可能造成重大及以上设备事故者；可能引起重大及以上电网事故者
3	重大	可能造成一般人身死亡事故或多人重伤者	可能造成一般设备事故者；可能引起一般电网事故者
2	一般	可能造成人员重伤事故或多人轻伤事故者	可能造成设备一、二类障碍者；可能造成电网一、二类障碍者
1	轻微	仅需要救护的伤害	可能造成设备或电网异常运行

将表 3－5 和表 3－6 中的可能性和严重性结合起来，得到用重大、较大、一般表示的风险水平描述，如图 3－1 所示。

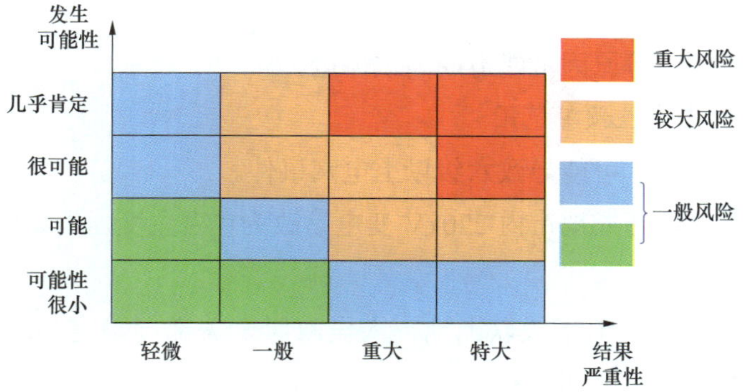

图 3－1　PR 法风险坐标图

第二节　电网安全风险辨识与控制

电网运行风险是指电网检修、施工、调试等带来运行方式变化，输变电设备缺陷或异常带来运行状况变化，气候、来水等外部因素带来运行环境变化，引起电网运行出现可预见性的安全风险。

一、电网风险预警管控职责与分工

（一）各层级电网风险管控预警范围

1. 省调风险管控预警范围

（1）设备故障，可能导致五级以上电网事件，除部分在地调预警职责中明确的。

（2）设备停电造成省内 500kV 及以上变电站改为单线供电、单台主变压器、单母线运行的情况，且无法通过运行方式调整等手段保障电网安全稳定运行。

（3）一次事件造成风电机组脱网容量 500MW 以上者。

（4）事故后造成装机总容量 1000MW 以上的发电厂全厂对外停电。

（5）造成电网减供负荷 100MW 以上者。

（6）省内 500kV 及以上主设备存在缺陷或隐患不能退出运行。

（7）重要通道故障，符合有序用电启动条件。

（8）省内 220kV 枢纽变电站二次系统改造，会引起全站停电，对外造成重要影响。

（9）跨越施工等原因可能造成高铁停运。

2. 地调风险管控预警范围

（1）设备故障，可能导致六级以上电网事件。

（2）设备停电造成地市内 220kV 变电站改为单台主变压器、单母线、单线（同杆并架双线）运行。

（3）事故后造成地市级以上地方人民政府有关部门确定的二级以上重要电力用户电网侧供电全部中断。

（4）造成电网减供负荷 40MW 以上 100MW 以下者。

（5）地市内 220kV 主设备存在缺陷或隐患不能退出运行。

（6）跨越施工等原因可能造成电气化铁路停运。

3. 县调风险管控预警范围

（1）事故后造成县域范围内 1 座 110kV 变电站全停。

（2）事故后造成变电站内 35kV 母线非计划全停。

（3）事故后造成地市级以上地方人民政府有关部门确定的二级或临时性重要电力用户电网侧供电全部中断。

（4）其他应纳入县调管控范围的事件。

注：预警范围中“以上”包含本数，“以下”不包含本数。

（二）各专业职责分工

（1）调控中心：负责电网运行风险预警的评估、发布、延期、取消和解除，会同相关部门编制预警通知单，提出电网运行风险管控要求，组织优化运行方式、制定事故预案等措施，负责向政府电力运行主管部门报告、向相关并网电厂告知电网运行风险预警，负责检查本专业电网运行风险预警管控工作情况。

（2）安监部：负责电网运行风险预警管控工作的全过程监督、检查、评价、考核；负责电网风险预警管控系统的建设与应用；负责向能源局及派出机构报告电网运行风险预警。

（3）发展部：负责在电网规划中加强电网结构分析，将相关项目纳入电网规划并推进前期工作，提高系统抵御风险能力。

（4）设备部（运检部）：负责分析重大检修、设备状况、外力破坏等安全风险，组织落实输变电设备和输配电通道巡视、监测、维护、消缺、安全防护等管控措施，组织落实电网技改项目，负责检查本专业电网运行风险预警管控工作情况。

（5）建设部：负责落实电网建设工程，分析输变电建设、施工跨越、调试投产等对电网运行带来的安全风险，组织落实基建施工、现场防护、系统调试等管控措施，负责检查本专业电网运行风险预警管控工作情况。

（6）营销部：负责分析重要客户供电安全风险，组织落实需求侧管理、安全供电等管控措施，负责向重要客户告知电网运行风险预警，督促落实重要客户应急预案和保安电源措施，负责检查本专业电网运行风险预警管控工作情况。

二、电网运行风险预警管控流程

电网运行风险预警管控依托安全风险管控平台（以下简称平台，含 App）实施全过程管理，包括预警评估、预警发布、预警报告与告知、预警实施、预警解除环节。电网运行风险预警管控流程如图 3－2 所示。

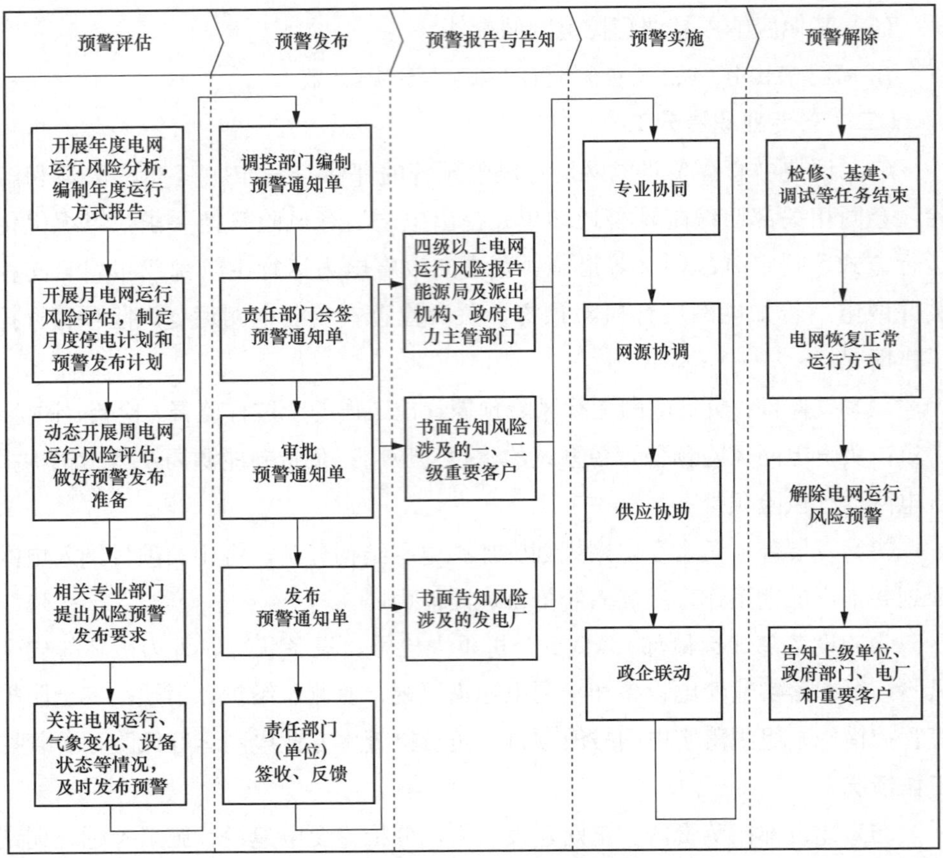

图 3-2　电网运行风险预警管控流程

（一）预警评估

调度部门在参与制定月度检修计划时，应进行电网运行风险评估分析，下发风险评估表，如表 3-7 所示。风险评估表内容包括主要停役设备、停役时间、工作内容、风险分析、受限断面及控制要求，结合风险分析结果提出应落实的各项风险预控措施及落实主体，对措施前、措施后的风险分别进行评价和定级。

表 3-7　风险评估表

序号	主要停役设备	停役时间	工作内容	风险分析	受限断面及控制要求	预控措施	风险等级（措施前）	风险等级（措施后）

风险预警等级从高到低分为一至八级，分别与《国家电网有限公司安全事故调查规程》中一至八级电网事件相对应。

1. 风险分析

在进行电网运行风险分析时，通常采用以下方法：

（1）电力电量平衡分析。

（2）系统潮流及无功电压分析。

（3）系统静态安全分析。

（4）系统短路电流分析。

（5）系统暂态稳定、频率稳定、电压稳定、小干扰稳定分析。

2. 评估机制

强化电网运行"年方式、月计划、周安排、日管控"，建立健全风险预警评估机制，为预警发布和管控提供科学依据。

（1）年方式：开展年度电网运行风险分析，加强年度综合停电计划协调，各级调控部门编制年度运行方式报告，应包括年度电网运行风险分析结果、四级以上风险预警项目。

（2）月计划：加强月度停电计划协调，各级调控部门牵头组织分析下月电网设备计划停电和通信检修计划带来的安全风险，梳理达到预警条件的停电项目，制定月度风险预警发布计划。

（3）周安排：加强周工作计划和停电安排，动态评估电网运行风险，及时发布电网运行风险预警，在周生产安全例会上部署风险预警管控措施。

（4）日管控：密切跟踪电网运行状况和停电计划执行情况，加强日工作组织协调，在日生产早会上通报工作进展，根据实际情况动态调整风险预警管控措施。

3. 评估原则

贯彻"全面评估、先降后控"的要求，动态评估电网运行风险，准确界定风险等级，不遗漏风险、不放大风险、不降低管控标准。

（1）全面评估。充分辨识电网运行方式、运行状态、运行环境、电源、负荷及电力通信、信息系统等其他可能对电网运行和电力供应造成影响的风险因素。

1）运行方式评估：评估电网特殊保电时期、多重检修方式、系统性试验、配合基建技改等临时方式的安全风险。

2）运行状态评估：评估电网断面潮流、设备负载、设备运行状况等安全风险。

3）运行环境评估：评估重要输变电设备周边水文地质、气候条件、山火、覆冰、雾霾、外力破坏等安全风险。

4）电源评估：评估电厂出力、送出可靠性、清洁能源消纳等安全风险。

5）负荷评估：评估重要客户供电方式、保电需求等安全风险。

6）电力通信评估：评估电力通信设备本体以及设备检修、设备异常、系统故障等非正常方式或特定情况等安全风险。

7）信息系统评估：评估信息泄露、病毒木马、网络攻击、漏洞隐患、系统升级维护等安全风险。

（2）先降后控。充分采取各种预控措施和手段，降等级、控时长、缩范围、减数量，降低事故概率和风险影响，提升管控实效。

1）降等级：采取方式调整、分母线运行、负荷转移、分散稳控切负荷数量、调整开机、配合停电、需求侧响应、同周期检修、调整客户生产计划等手段，降低可能造成的负荷损失。

2）控时长：优化施工（检修）方案，提前安排设备消缺，适当加大人员投入，采取先进技术工艺，合理控制停电时间。

3）缩范围：优化电网运行方式、停电检修计划、倒闸操作方案，转移重要负荷，启用备用线路，缩小受影响的范围。

4）减数量：坚持“综合平衡，一停多用”，统筹优化基建、技改和检修工作，科学安排停电计划，减少重复停电，避免风险叠加，严格控制高风险预警工作。

（二）预警发布

（1）调度部门在编制电网周检修计划时，应根据风险评估表编制运行风险预警通知单，如图3-3所示，做好风险预控措施的安排。预警通知单包括停电设备、预警事由、预警时段、风险等级、风险分析、运行方式调整、控制限额、管控措施及要求等内容。

（2）预警通知单经安监、运检、营销等相关部门会签，督查会议审核通过，本单位领导或上级单位审批后正式生效，并下达各相关单位。

（3）对于电网临时检修方式，应纳入周检修计划管理，补发预警通知单。对于电网紧急消缺，明确停电工作时间超过24小时的，由调度部门在下一个工作日补发预警通知单。

电网运行风险预警通知单

编号：××××年第××××号

电力调度控制中心　　预警日期：××××年××月××日

<table>
<tr><td>停电设备</td><td colspan="3"></td></tr>
<tr><td>预警事由</td><td colspan="3"></td></tr>
<tr><td>预警时段</td><td colspan="3"></td></tr>
<tr><td>风险等级</td><td colspan="3"></td></tr>
<tr><td>主送部门</td><td colspan="3"></td></tr>
<tr><td>责任单位</td><td colspan="3"></td></tr>
<tr><td>风险分析</td><td colspan="3">运行方式调整：
控制限额：</td></tr>
<tr><td rowspan="5">管控措施及要求</td><td rowspan="5" colspan="2">（1）电力调度控制中心：
（2）运维检修部：
（3）营销部：
（4）安全监察部（保卫部）：</td><td>签收部门</td></tr>
<tr><td>电力调度控制中心：</td></tr>
<tr><td>运维检修部：</td></tr>
<tr><td>营销部：</td></tr>
<tr><td>安全监察部（保卫部）：</td></tr>
<tr><td>编制</td><td></td><td>审核</td><td></td></tr>
<tr><td>批准</td><td colspan="2"></td><td></td></tr>
</table>

呈送：

图 3－3　电网运行风险预警通知单

（三）预警反馈

（1）各职能部门及相关单位按照“谁会签、谁组织、谁反馈”的原则组织落实管控措施，责任单位按照“谁接收、谁落实、谁反馈”的原则实施管控措施并填写预警反馈单，格式如图 3－4 所示。预警反馈单包括事故预案制定、设备巡视频次、设备检测手段、安全保卫措施、政府部门报告、重要客户告知等内容。

（2）预警反馈单在工作实施前通过风险管控系统等方式完成反馈，各项预警管控措施均落实到位后，调控部门方可下达设备停电操作指令。

（四）预警报告与告知

（1）按照“谁预警、谁报告”的原则，相关单位根据需要分别向地方政府电力运行主管部门报告，内容包括风险分析、风险等级、计划安排、影响范围（含敏感区域、民生用电、重要客户等）、管控措施、需要政府协助办理的事项建议等。

电网运行风险预警反馈单

编号：××××年第××××号

××××单位　　　　　　　　　　　　　　　　　　反馈日期：××××年××月××日

主送单位					
预警单编号					
预警时段					
管控措施落实情况					
编制		审核		批准	

图 3－4　电网运行风险预警反馈单

（2）对风险预警涉及的二级以上重要客户，由营销部门编制预警告知单，提前 24 小时告知客户并留存相关资料；对电厂送出可靠性造成影响或需要电源支撑的风险预警，由调控部门编制电网运行风险预警告知单，如图 3－5 所示，提前 24 小时告知相关并网电厂并留存相关资料。电网运行风险预警告知单主要包括预警事由、预警时段、风险分析、预控措施等内容，督促电厂、客户合理安排生产计划，做好防范准备。

电网运行风险预警告知单

编号：××××年第××××号

报送日期：××××年××月××日

送达单位	客户（电厂）		
预警事由			
预警时段	××月××日××时至××月××日××时		
风险分析			
预控措施及要求	针对客户（电厂）实际情况，提出风险预警管控措施要求		
电网风险管控措施			
告知单位	（盖章）		
联系人		联系电话	

图 3－5　电网运行风险预警告知单

（五）预警实施

预警发布后，应强化“专业协同、网源协调、供用协助、政企联动”，有效提升管控质量和实效，同时做好与电网大面积停电事件应急预案的无缝衔接，针对电网运行风险失控可能导致的大面积停电，提前做好应急准备，及时启动应急响应，全方位做好电网运行安全工作。

1. 专业协同

调控、运检、营销、安监等专业协同配合，全面落实管控措施。

（1）电网调控：进行安全稳定校核，优化系统运行方式，完善稳控策略，转移重要负荷，优化操作顺序，编制事故预案。

（2）设备运维：加强设备特巡，开展红外测温等带电检测，提前完成设备消缺和隐患整治，落实针对性运维保障措施，做好抢修队伍、物资和备品备件等准备。

（3）施工检修：优化施工检修方案，加大人员装备投入，确保按期完工。

（4）供电保障：组织供电安全检查，督促客户排查消除用电侧安全隐患，做好重要客户保电，做好配电网应急抢修准备。

（5）信通保障：排查消除电力通信、信息系统、信息通信专用 UPS 电源等安全隐患，制定通信方式调整及保障方案，组织电力光缆、通信设备等特巡，做好应急通信系统准备，落实信息系统等安全防护措施。

（6）监督协调：协调编制风险预警管控工作方案，组织开展现场监督检查，督导落实电网调控、设备运维、施工检修、供电保障、信通保障等各项管控措施。

2. 网源协调

做好电厂设备配合检修，调整发电计划，优化开机方式，安排应急机组，做好调峰、调频、调压准备。加强技术监督，确保涉网保护、安全自动装置等按规定投入。

3. 供用协助

及时告知客户电网运行风险预警信息，督促重要客户备齐应急电源，制定应急预案，执行落实有序用电方案，提前安排事故应急容量。

4. 政企联动

提请政府部门协调电力供需平衡和有序用电、督促重要客户做好用电安全隐患整改，将预警电力设施纳入治安巡防体系，加强防外力破坏等管控措施。

（六）预警解除

（1）因设备停役延期或工作取消，由调控中心及时联系安监部门办理风险延期或取消，并通知相关部门和单位。

（2）设备复役后，风险解除。若设备提前复役，由调控中心及时联系安监部门办理风险解除，并通知相关部门和单位。

三、典型电网安全风险控制措施

（1）合理规划电源接入点。受端系统应具有多个方向多条受电通道，电源点应合理分散接入，每个独立输电通道的输送电力不宜超过受端系统最大负荷的10%～15%，确保失去任一通道时不影响电网安全运行和受端系统可靠供电。综合考虑电力市场空间、电力系统调峰、电网安全等因素，统筹协调、合理布局抽蓄电站等调峰电源。

（2）严格做好风电场、光伏电站并网验收环节的工作，避免不符合电网要求的设备进入电网运行。并网电厂机组投入运行时，相关继电保护、安全自动装置、稳定措施和电力专用通信配套设施等应同时投入运行。

（3）优化电网规划设计方案，合理设计电网结构，完善电网安全稳定控制措施，提高系统安全稳定水平。强化电网薄弱环节，加强电网建设及配电网完善工作，对供电可靠性要求高的电网应适度提高设计标准。对电网进行合理分区，有效限制短路电流；兼顾供电可靠性和经济性，分区之间要有备用联络线，以满足一定程度的负荷互带需求。

（4）无功电源及无功补偿设施的配置应使系统具有灵活的无功电压调整能力，在负荷高峰和低谷时段均能分（电压）层、分（供电）区基本平衡。提高无功电压自动控制水平，推广应用无功电压自动控制系统，提高电压稳定性，减少电压波动幅度。

（5）在特殊地形、极端恶劣气象环境条件下重要输电线路宜采取差异化设计，适当提高抗风、抗冰、抗洪等设防水平。输电线路路径应避开滑坡、泥石流、重冰区及易发生导线舞动、山火易发等区域，无法避让时应采取相应防范措施。

（6）严格执行电网运行控制要求，严禁超运行控制极限值运行，根据系统发展变化情况及时计算和调整电网运行控制极限值。电网一次设备故障后，应按照故障后方式电网运行控制的要求，尽快将相关设备的潮流（或发电机出力、电压等）控制在规定值以内。

（7）根据电网的变化情况及时分析、调整各种保护装置、安全自动装置的配置或整定值，每年下达低频低压减载方案，及时跟踪负荷变化，定期核查、统计、分析各种安全自动装置的运行情况。加强检修管理和运行维护工作，防止装置出现拒动、误动。

（8）加强开关设备、保护装置的运行维护和检修管理，确保能够快速、可靠地切除故障。定期对变电站内及周边飘浮物、塑料大棚、彩钢板建筑、风筝及高大树木等进行清理，大风前后应进行专项检查，防止异物飘浮造成设备短路。

（9）加强铁塔基础的检查和维护，做好防外力破坏措施，对取土、挖沙、采石等可能危及杆塔基础安全的行为，应及时制止并采取相应防范措施。

（10）在迎峰度夏期间和重点保电时段，加强对满载重载线路的运行维护，加强对跨区输电通道及相关线路的运维管控，开展高风险区段、密集线路走廊、线路跨越点的特巡，确保重要设备安全稳定运行。

（11）在覆冰季节前应对线路做全面检查，落实除冰、融冰和防舞动措施，具备条件的应采取融冰措施，以减少线路覆冰。

第三节　现场作业风险管控

作业安全风险是指在作业过程中有可能导致人身伤害事故的因素，包括触电伤害、高处坠落、物体打击、机械伤害、中毒窒息等。

继电保护现场作业风险管控的总体原则是：全面开展作业风险评估，细化作业风险分级，开展风险预警预控；优化检修计划制定，强化作业前准备；抓好现场安全措施落实，抓好关键工序、关键风险点、关键人员管理。

一、作业项目安全风险评估

按照设备电压等级、作业范围、作业内容对检修作业进行分类，突出人身风险，综合考虑设备重要程度、运维操作风险、作业管控难度、工艺技术难度，确定各类检修作业的风险等级（Ⅰ～Ⅴ级，分别对应高风险、中高风险、中风险、中低风险、低风险），形成“作业风险分级表”，用于指导作业全流程差异化管控措施的制定。

可根据作业环境、作业内容、气象条件等实际情况，对可能造成人身、电网、设备事故的现场作业（如上方高跨线带电的设备吊装、重要用户（含电厂）供电设备检修、涉及旁路代操作的检修、恶劣天气时的检修等）进行提级。同类作业对应的故障抢修，其风险等级提级。

Ⅰ级风险（高风险）：指作业过程存在极高的安全风险，即使加以控制仍可能发生人身重伤或死亡事故。

Ⅱ级风险（中高风险）：指作业过程存在很高的安全风险，不加控制容易发生人身死亡事故。

Ⅲ级风险（中风险）：指作业过程存在较高的安全风险，不加控制可能发生人身重伤或死亡事故。

Ⅳ级风险（中低风险）：指作业过程存在一定的安全风险，不加控制极有可能发生人身轻伤事件。

Ⅴ级风险（低风险）：指作业过程存在较低的安全风险，不加控制有可能发生未遂人身安全事件。

典型生产作业风险定级库详见《国家电网有限公司作业安全风险管控工作规定》。对典型定级库中缺少的相关项目，应根据《评估规范》建立《作业安全风险库》：生产班组负责查找管辖范围内的危险因素，明确风险所在的地点和部位，对风险等级进行初评，形成风险事件并上报专业室（中心）；专业室（中心）负责对生产班组上报的风险事件进行审核、复评；一般、较大风险事件，由专业室（中心）在《作业安全风险库》中发布；重大风险事件，由专业室（中心）上报单位相关职能部门和安监部门，相关职能部门会同安监部门对重大风险审核确认后在《作业安全风险库》中发布。

《作业安全风险库》应及时导入日常安全生产和管理（如日常检查、专项检查、隐患排查、安全性评价等）中新发现的风险。职能部门每年组织专家，依据《评估规范》进行专项风险辨识，补充、完善《作业安全风险库》中相关风险事件。对风险事件的新增、消除和风险等级的变更等维护工作仍遵循逐级审核、发布的原则。

《作业安全风险库》模板如表 3－8 所示。

表 3–8 《作业安全风险库》模板

序号	地点	部位	风险描述	作业类别	伤害方式	可能性	频度	严重性	风险值	风险等级	控制措施	填报单位	发布时间

《作业安全风险库》包括地点、部位、风险描述、作业类别、伤害方式、可能性、频度、严重性、风险值、控制措施、填报单位和发布时间，其含义如下：

（1）地点是指风险所在的变电站、高压室、配电站或线路。

（2）部位是指风险所在的间隔、设备或线段。

（3）风险描述是指风险可能导致事故的描述。

（4）作业类别包括变电运维、变电检修、输电运检、电网调度、配网运检五种。一个风险可对应多个作业类别。

（5）伤害方式一般包括触电、高处坠落、物体打击、机械伤害、误操作、交通事故、火灾、中毒、灼伤、动物伤害十种伤害方式。一个风险可对应多个伤害方式。

（6）风险值一般采用 LEC 法分析得到。

（7）控制措施是根据风险特点和专业管理实际所制定的技术措施或组织措施。

（8）填报单位是上报并跟踪管理的单位或部门。

（9）发布时间是经审核批准后公开发布该风险的时间。

二、作业安全风险管控职责与分工

按照管理职责和工作特点，不同管理层次负责控制不同程度和类型的安全风险，逐级落实安全责任。

（一）各层级管理职责

1. 省公司级单位

安监部门是作业安全风险管控工作的牵头部门，负责建立健全作业风险管控工作机制，通过安全管控中心远程核查、到岗到位和安全督查人员现场检查等方式，进行监督、检查、评价、考核。

各专业部门负责组织开展本专业相关作业安全风险管控工作，执行到岗到位工作要求，重点管控二级及以上作业风险评估、预警、控制等实施情况。

2. 地市（县）公司级单位

安监部门负责督促落实本单位作业风险管控工作，通过安全管控中心远程核查、到岗到位和安全督查人员现场检查等方式，对本单位作业风险管控工作进行监督、检查、评价、考核。

地市级单位专业部门（项目管理部门）负责执行到岗到位工作要求，重点管控三级及以上作业风险识别、预警、控制等实施情况。

县公司级单位专业部门（项目管理部门）负责执行到岗到位工作要求，管控全部等级作业风险评估、预警、控制等实施情况。

3. 班组

班组负责落实现场勘察、风险评估、“两票”执行、班前（后）会、安全交底、作业监护等安全管控措施和要求。

（二）各专业具体分工

（1）设备部（运检部）负责组织召开年度综合检修计划协调会和月度、周电网设备检修计划协调会，审查年度、季度、月度、周设备检修计划项目安排的必要性和合理性；负责策划、落实较大及以上风险检修类作业项目的风险管控（含风险评估、承载力分析），发布作业风险预警，督促相关部室和单位落实风险管控措施；协调检修现场风险控制过程中出现的问题。

（2）建设部负责安排和编制基建、技改工程设计的输变电设备年度、季度、月度和周投运计划；负责策划、落实较大及以上风险基建、技改类作业项目的风险管控（含风险评估、承载力分析），督促相关部室和单位落实风险管控措施；协调基建、技改现场风险控制过程中出现的问题。

（3）调控中心负责安排月度、周电网设备停电计划系统运行方式，审核月度、周停电计划的可行性和合理性；审查二次系统设备停电项目安排的必要性和合理性，协调上下级调度的运行方式调整，全面分析评估所辖电网薄弱环节，及时发布一般及以上电网风险预警和发布特殊气象条件风险预警；负责做好电网特殊运行方式下的事故处理预案和电力电量平衡，检查作业现场风险管控措施的落实情况；协调二次系统作业现场风险控制过程中出现的问题。

（4）营销部负责编制用户、市政工程涉及的输变电设备季度和月度停电需求和投运计划；统筹安排用户工程，避免集中停电造成电网安全风险增大；电网预警发出后，协助并督促重要高危客户、重要保电场所做好应对措施，做好保供电工作。

（5）安监部负责参与年度综合检修计划协调会和月度、周停电计划平衡会，督促相关部门落实审查和协调职责；负责审查施工（检修）单位工作票签发人、工作负责人、工作许可人资质认证；审查发包工程施工单位安全资质，督促签订安全协议，并做好备案；参与审核较大及以上风险作业项目的风险管控措施；监督检查相关部门和单位对特殊气象条件、电网和作业风险预警预控措施的落实情况。

三、进一步加强生产现场作业风险管控工作

（一）总要求

贯彻电网企业安全生产工作部署，践行“人民至上、生命至上” 理念，进一步加强生产现场作业风险管控，提升现场作业安全水平，认真执行《变电现场作业风险管控实施细则》，并落实以下要求：

（1）把防控现场作业风险摆在更加突出的位置，加强组织领导，强化责任和措施落实，全面提高作业人员安全意识、作业风险辨识能力和现场安全管控水平，确保不发生生产作业现场人身伤亡事故、恶性误操作事件以及运维检修管理责任的设备故障跳闸（临停）事件。

（2）要加强现场作业全过程管控，提升管理穿透力、现场执行力，加强督导检查，及时发现和解决工作推进过程中存在的问题，确保各项措施落到实处、取得实效。

（3）要进一步完善安全生产双重预防机制，健全生产现场作业风险管控体系，强化源头防范、分级管控，坚持结果导向和过程考核并重，切实提高生产现场作业风险管控水平。

（二）重点措施

落实电网企业安全生产工作部署，深刻吸取近年来安全事故教训，聚焦人身风险，综合考虑设备、电网风险，坚持“源头防 范、分级管控”，推行“一表一库”（作业风险分级表和检修工序风险库），结合三级生产管控中心建设，构建生产现场作业“五级五控”风险防控体系（即Ⅰ至Ⅴ级作业风险；总部、省公司、地市级单位、县公司级单位、班组及供电所五级管控），持续提升生产现场作业安全水平，全面提高作业人员安全意识、作业风险辨识能力和现场安全管控水平，确保不发生生产作业现场人身伤亡事故、恶性误操作事件以及运维检修管理责任的设备故障跳闸（临停）事件（三提高三不发生）。

1. 完善风险防控体系

（1）细化作业风险分级。突出人身风险，综合考虑设备重要程度、运维操

作风险、作业管控难度、工艺技术难度等因素，建立各类典型生产作业风险分级表；提炼关键工序，细化风险辨识和防范措施，建立检修工序风险库。在现场作业管控中全面应用“一表一库”，依托作业风险分级表，强化作业全流程差异化管控；依据检修工序风险库，强化现场高、中风险关键环节管控。

（2）落实分级管控责任。聚焦不同作业风险，围绕防控重点，构建“五级五控”风险防控体系，深化“一表一库”应用，明确计划制定、现场勘察、方案编审、远程督查、现场管控、竣工验收等重点环节的责任，压实各层级管理责任，细化到岗到位要求，形成横到边纵到底、一级抓一级、层层抓落实的安全风险分级防控责任制。

（3）完善风险防控机制。构建总部、省公司、超高压（地市）公司三级生产管控体系，规范运作超高压公司生产管控中心，因地制宜建设地市公司生产管控中心，开展检修计划执行、风险防控措施落实、现场作业安全保障等常态化监督；全面落实现场“五级五控”，强化现场作业的关键环节管控，形成点面结合、远近互补的防控机制。

2. 转变现场作业模式

（1）优化作业组织方式。以保障人身安全为首要目标，统筹人身、电网、设备安全风险，优选“整电压等级、整串、整站（半站）”全停等集中检修方式，整合检修资源，实现作业风险先降后控，创造安全作业环境。综合考虑检修作业风险、运维操作风险、电网风险、设备风险，落实“一停多用”，提高检修效率，防范触电、高坠、物体打击等事故风险，切实保障现场作业安全。

（2）改进作业实施方式。变电（监控）专业，充分发挥设备厂家、检修基地优势，开展主设备原厂原修、工厂化检修，推动现场解体大修向轮换式检修转变，现场作业向车间作业转变，减少现场检修时间，切实提升检修质效；加快推进变电运维“两个替代”，推广应用“高清视频+机器人+无人机”远程智能巡视系统，实现巡视“机器代人”；全面推进一键顺控新技术应用，替代传统倒闸操作，提高运维操作效率，降低运维操作风险。直流专业，推进换流站全场景监视和全业务数字化，实现人员安全管理和作业安全管控；推动应用直流数字仿真系统模拟倒闸操作和大型检修预演，提升倒闸操作和运维安全水平和工作质效；推广应用现场作业数字移动终端，实现计划、队伍、人员和现场“四个管住”；培育区域专业化检修力量，建设大型设备区域检修基地，提升检修标准化水平、应急抢修能力，提高设备检修质量。输电专业，加大无人机在现场勘察、检修 消缺、带电作业、质量验收等作业中应用力度，着力减少高风险作业；推行线路机械化检修，降低人身安全风险，提高检修质效；推进特高压线路直升机综合检修作业，提升复杂条件下处缺能力，增强线路安全运行水平。配电专业，大力推进不停电作业，深化带电作业机器人应用，实现检修作业“能带不停”；停电作业优选分段式停电检修，提高供电可靠性；推行运检项目工厂化预制、成套化配送、装配化施工、机械化作业，全面提升作业质效。

（3）推广先进技术应用。拓展移动作业应用场景，推进仪器数字化研究与实践应用，实现检测、试验数据实时远传和智能研判；试点开展标准化设备应用，提高检修便捷性、消缺及时性；深化图像、声纹识别算法、5G 通信、AI 智能识别跟踪、数字孪生应用，实现设备智能巡检和作业现场智能管控；推进 PMS3.0 的建设和应用，实现设备状态实时掌控和主动预警；深化输电线路无人机巡检技术应用，建立“三位一体”（固定机巢、移动机场、驻塔机巢）的立体巡检体系；推广带电作业机器人技术应用，逐步实现配电带电作业无人化。

3. 规范生产（租赁）项目管理

（1）加强检修项目管理。进一步强化项目管理单位的安全主体责任；明确项目实施管理方式（外包或自主实施），切实落实项目实施各层级责任。针对作业环境复杂、高风险工序多的检修项目，应对照作业风险分级表，强化前期勘察，结合检修工序风险库，细化方案编制，确保作业风险源头可控。

（2）加强外包（租赁）项目管理。技改大修外包项目和租赁项目应成立业主项目部，落实设备主人的项目管理主体责任，加强外包（租赁）项目施工过程质量监督和安全管控，严禁违规分包，杜绝“以包代管”“只租不管”，确保外包（租赁）项目安全可控、能控、在控。

4. 强化外包队伍管理

（1）严格外包作业管理。落实外包“双准入”要求，严格外包单位资质和业务能力审查，加强外包人员入场核查。严格执行外包作业“双勘察”“双交底”“双签发”制度，监督外包作业安全、技术、组织措施的落实，保障外包作业现场施工的安全和质量。

（2）严肃外包队伍考核。强化外包人员作业行为管控，严肃查纠外包人员作业现场违章，实行安全记分“淘汰”制，建立违章记分档案，加强积分考核，扣分达上限，立即停止现场工作并列入外包人员“黑名单”。健全外包队伍筛选评价考核机制，试点实施外包队伍安全管理、作业能力评价，逐步建立外包队伍“黑名单”“白名单”“安全负面清单”。

（3）培育核心外包队伍。落实作业现场同质化管理要求，强制外包队伍设置现场专职安全管理人员，开展定制化安全准入考试、开复工前考核、作业现场考问等，倒逼外包队伍强化自身安全能力和业务能力建设，逐步培育一批资质优良、管理精细、技术过硬的核心外包队伍。

5. 强化作业现场管控

（1）强化作业前期管理。全面应用“一表一库”，分层分级组织检修方案编审批，突出风险辨识，细化管控措施，提高方案质量，实现作业风险超前预防和事故防范关口前移。充分考虑作业性质、风险情况、人员承载力和技能水平等因素，合理安排作业人员、机具、物料，保障作业实施安全可控、刚性有序。

（2）强化作业过程管控。依据检修工序风险库，加强风险日防控，紧盯关键环节和高风险工序，落实各级管理人员到岗到位要求，强化高处作业、有限空间作业、近电作业、大型设备吊装作业等过程管控，规范执行作业现场开（收）工会制度，强化作业人员安全技术交底，明确人员职责、关键风险点及预控措施，确保施工作业安全和质量。

（3）强化现场标准作业。坚持“信息化手段、标准化管控”，完善标准作业卡，细化作业流程，聚焦重点工艺，严格外包（租 赁）、自主实施项目的检修、验收标准作业卡现场应用，强化技术标准落实。编制输变电典型作业标准工期，针对多专业配合的复杂作业，综合考虑人员、机具及环境等因素，确定合理检修工期，保障有效检修时长。

（4）强化现场人员管控。聚焦重点人员的现场监管，通过现场身份标注、差异化分派工作任务，严格控制“新人”（入职两年以内的新员工（含转岗人员））和“外人”（厂家技术服务及外部施工人员）工作范围及操作权限，实施现场差异化监护，确保作业行为可控在控。加快员工技术能力提升，通过强化技能实操培训，开展技能过关评价，推进核心业务自主实施，逐步培养一批业务精、能力强的“明白人”。

四、作业风险管控流程

作业安全风险管控遵循“全面评估、分级管控”原则，强化“管专业必须管安全”，依托安全生产风险管控平台（以下简称平台，含 App）实施全过程管理，包括计划管理、风险识别、评估定级、管控措施制定、作业风险管控督查例会、风险公示告知、现场风险管控、评价考核等环节。作业风险管控工作流程图如图 3－6 所示。

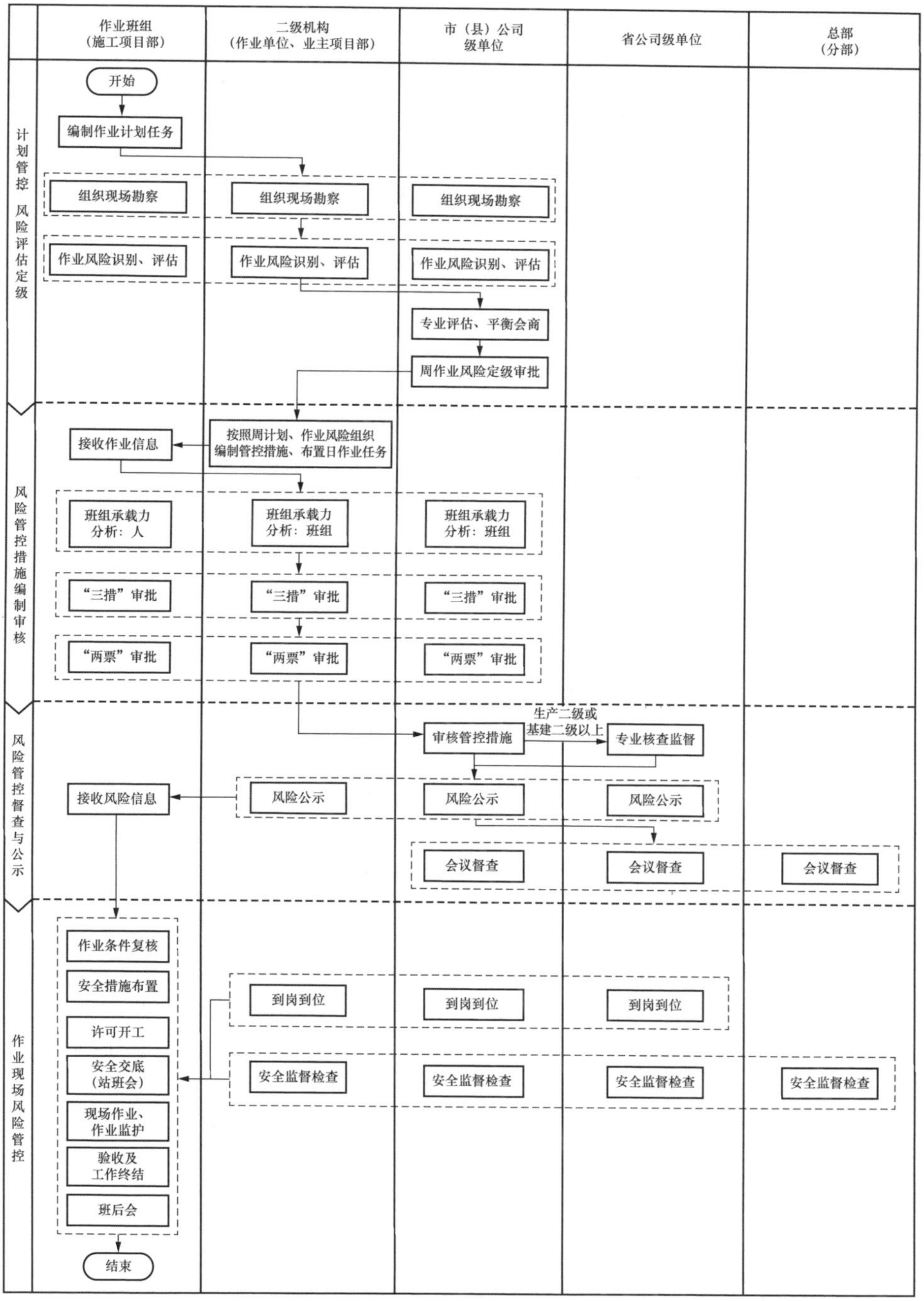

图 3－6　作业风险管控工作流程

1. 计划管理

（1）计划编制应结合设备状态、电网需求、基建技改及用户工程、保供电、气候特点、承载力、物资供应等因素，统筹协调各专业。

（2）作业任务应统筹考虑月度停电计划、管理和作业承载能力等情况，避免同时段高风险作业叠加。

（3）生产检修、大修技改、基建工程、营销作业、配（农）网工程、信息通信、产业单位承揽的内外部施工业务均应纳入作业计划，并及时、完整、准确地集成或录入平台，通过平台对作业计划实施刚性管理，严禁无计划作业。

（4）作业计划应包括作业内容、作业时间、作业地点、作业人数、工作票种类、专业类型、风险等级、风险要素、作业单位、工作负责人及联系方式、到岗到位人员信息等内容。

（5）作业计划按照“谁管理、谁负责”的原则实行分层分级管理，各专业计划管理人员应明确，严格计划编审、发布与执行的全过程监督管控。

（6）禁止随意更改和增减作业计划，特殊情况需追加或者变更作业计划，应履行审批手续后方可实施。

2. 风险识别

（1）作业任务确定后，应根据作业类型、作业内容，结合现场勘察情况，以防控人身触电、高处坠落、物体打击、机械伤害为重点，对可能存在的影响电网、设备及人身安全因素、危险源点和其他可能影响安全的薄弱环节进行识别。

（2）现场勘察一般应由工作负责人或工作票签发人组织，设备运维管理单位和作业单位相关人员参加；承发包工程作业应由项目主管部门、单位组织，设备运维管理单位和作业单位共同参与；对涉及多专业、多单位的大型复杂作业项目，应由项目主管部门、单位组织相关人员共同参与；输变电工程现场勘察参照《国家电网有限公司输变电工程施工安全风险管理规程》执行。

（3）现场勘察应填写现场勘察记录，包括工作地点需停电的范围，保留的带电部位，作业现场的条件、环境及其他危险点，需要采取的安全措施，附图及说明等内容。

（4）现场勘察记录是作业风险评估定级、编制“三措”和填写、签发工作票的依据。

3. 评估定级

（1）作业风险评估定级一般由工作票签发人或工作负责人组织，涉及多专业、多单位共同参与的大型复杂作业，应由作业项目主管部门、单位组织开展。

（2）根据安全风险的可能性、后果严重程度，作业风险从高到低分为Ⅰ～Ⅴ级。同一作业计划（日）内包含多个工序、不同等级风险工作时，按就高原则确定。

（3）生产作业、配（农）网工程施工作业、营销作业参照典型生产作业风险定级库进行风险定级；输变电工程按照《国家电网有限公司输变电工程施工安全风险管理规程》执行；迁改工程施工作业参照上述对应专业风险定级要求执行。

（4）遇有恶劣天气、连续工作超8h、夜间作业等情况宜提高风险等级进行管控。

（5）评估为Ⅲ级及以上风险的作业计划，应由各单位专业管理部门（项目管理部门）审核确认，并实施风险预警；由作业单位填写作业安全风险预警管控单，如图3－7所示。专业管理部门审核风险评估准确性、风险控制措施合理性，明确到岗到位和安全督查人员；Ⅲ级作业风险由各单位专业管理部门负责人签发，Ⅴ级作业风险由市公司级单位分管领导签发；工作终结时风险预警解除。作业安全风险预警工作流程图如图3－8所示。

作业安全风险管控单（模板）

××单位××专业〔××××年〕××号

发布部门（盖章）　　　　　　　　　　　　发布日期：××××年××月××日

作业单位（部门）			
作业班组		工作负责人	
作业内容			
风险分析			
预警计划时间	××××年××月××日××时		
预警解除时间		风险等级	
管控措施			
现场勘察记录			
三措			
工作票			
危险点分析和控制			
到岗到位人员	姓名	联系电话	
安全督查人员	姓名	联系电话	
编制人员	姓名	联系电话	
审核人员	姓名	联系电话	
签发人员	姓名	联系电话	

图3－7　作业安全风险预警管控单

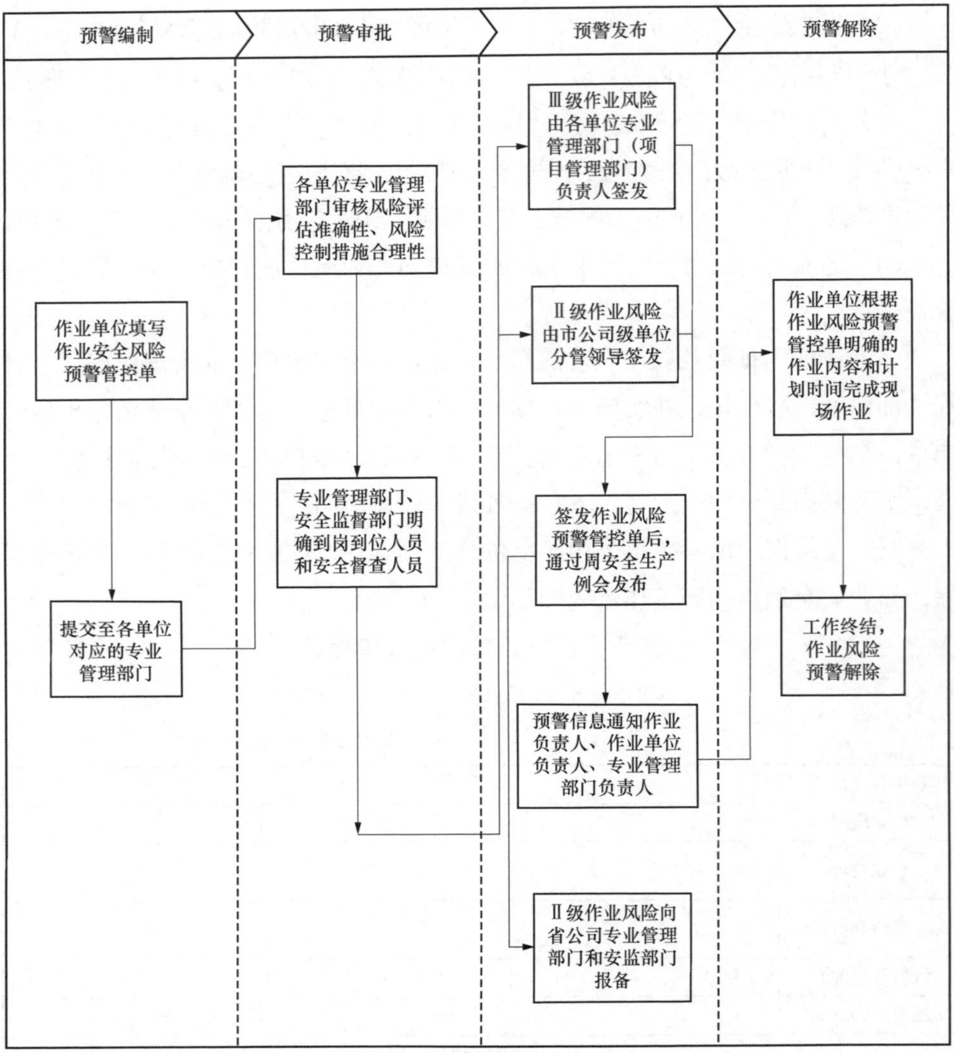

图 3－8　作业安全风险预警工作流程图

4. 管控措施制定

（1）作业风险管控措施由作业班组、相关专业管理部门和单位分级策划制定，并经逐级审批：Ⅳ、Ⅴ级风险作业，风险管控措施应由二级机构组织审核，工程施工作业由施工项目部审核；Ⅲ级风险作业，风险管控措施应由地市级单位专业管理部门组织审核，工程施工作业由业主项目部审核；Ⅱ级风险作业，风险管控措施应由地市级单位分管领导组织审核，工程施工作业由建设管理单位专业管理部门组织审核。

（2）开展班组员工承载力分析，合理安排作业力量。工作负责人胜任工作任务，作业人员技能、安全等级符合工作需要，管理人员到岗到位。

（3）组织协调停电手续办理，落实动态风险预警措施，做好外协单位或需要其他配合单位的联系工作。

（4）资源调配满足现场工作需要，提供必要的设备材料、备品备件、车辆、机械、作业机具及安全工器具等。

（5）科学严谨制定方案。根据现场勘察情况组织制定施工"三措"（即组织措施、技术措施、安全措施）、作业指导书，有针对性和可操作性。危险性、复杂性和困难程度较大的作业项目工作方案，应经本单位批准后结合现场实际执行。

（6）组织方案交底。组织工作负责人等关键人、作业人员（含外协人员）、相关管理人员进行交底，明确工作任务、作业范围、安全措施、技术措施、组织措施、作业风险及管控措施。

（7）因现场作业条件变化引起风险等级调整的，应重新履行识别、评估、定级和管控措施制定审核等工作程序。

5. 风险管控督查例会

省公司、地市公司、县公司级单位按周组织作业风险管控工作督查会议，对本单位作业风险管控工作情况进行督查。

（1）省公司级单位每周由副总师及以上负责人主持、安监部门牵头召开督查会议，对本单位作业风险管控情况、各专业Ⅱ级及以上作业风险评估定级、管控措施制定等进行督查。

（2）地市级单位每周由副总师及以上负责人主持、安监部门牵头召开督查会议，对本单位作业风险管控情况，各专业Ⅲ级及以上作业风险评估定级、管控措施制定等进行督查。

（3）县级单位每周由分管领导及以上负责人主持、安监部门牵头召开督查会议，对本单位作业风险管控情况，各专业Ⅳ级及以上作业风险评估定级、管控措施制定等进行督查。

6. 风险公示告知

（1）地市（县）公司级单位、二级机构以审定的作业计划、风险等级、管控措施为依据，每周日前对本层级（不含下层级）管理的下周所有作业风险进行全面公示。

（2）风险公示内容应包括作业内容、作业时间、作业地点、专业类型、风险等级、风险因素、作业单位、工作负责人姓名及联系方式、到岗到位人员信息等。

（3）地市（县）公司级单位作业风险内容由安监部门汇总后在本单位网页公告栏内进行公示；各中心、项目部等二级机构均应在醒目位置张贴作业风险内容。

7. 现场风险管控

现场实施主要风险包括电气误操作、继电保护“三误”（即误碰、误整定、误接线）、触电、高处坠落、机械伤害等。

现场实施风险管控主要措施与要求：

（1）严格执行工作票、操作票制度。正确使用工作票、动火工作票、二次安全措施票和事故应急抢修单，解锁操作应严格履行审批手续，并实行专人监护，接地线编号与操作票、工作票一致。

（2）严格执行状态交接制度。许可工作前工作许可人、工作负责人共同检查及确认现场安全措施，必要时进行补充完善，并做好相关记录。

（3）组织站班会，交代工作内容、人员分工、带电部位和现场安全措施，告知危险点及防控措施。核实作业机具、安全工器具和个人安全防护用品，确保合格有效；核实作业人员是否具备安全准入资格、特种作业人员是否持证上岗、特种设备是否检测合格。

（4）工作票（作业票）签发人或工作负责人对有触电危险、施工复杂、容易发生事故的作业，应增设专责监护人，确定被监护的人员和监护范围，专责监护人不得兼做其他工作。

（5）现场作业过程中，工作负责人、专责监护人应始终在作业现场，严格执行工作监护和间断、转移等制度，做好现场工作的有序组织和安全监护。工作负责人重点抓好作业过程中危险点管控，应用移动作业 App 检查和记录现场安全措施落实情况。

（6）建立健全生产作业到岗到位管理制度，明确到岗到位标准和工作内容，实行分层分级管理：Ⅲ级风险作业，相关地市级单位或专业管理部门、县公司级单位负责人或管理人员应到岗到位；Ⅱ级风险作业，相关地市级单位分管领导或专业管理部门负责人应到岗到位；涉及多专业、多单位的生产作业项目，地市级单位相关部门和单位应分别到岗到位；输变电工程到岗到位要求按照《国家电网有限公司输变电工程建设安全管理规定》执行。

（7）加强作业现场安全监督检查，对各类作业现场开展“四不两直”现场和远程视频安全督查。省公司级单位应对所辖范围内的二级风险作业现场开展全覆盖督查。地市公司级单位应对所辖范围内的三级及以上风险作业现场开展全覆盖督查。县公司级单位对所辖范围内的作业现场开展全覆盖督查。

（8）现场工作结束后，工作负责人恢复设备至工作许可前设备状态，配合设备运维管理单位做好验收工作，核实工器具、视频监控设备回收情况，清点作业人员，应用移动作业 App 做好工作终结记录。

（9）工作结束后组织全体班组人员召开班后会，对作业现场安全管控措施落实及“两票三制”执行情况进行总结评价。

8. 评价考核

（1）定期分析评估作业风险管控工作执行情况，督促落实安全管控工作标准和措施，持续改进和提高作业安全管控工作水平。

（2）将作业风险管控工作纳入日常督查工作内容，将无计划作业、随意变更作业计划、风险评估定级不严格、管控措施不落实等情形纳入违章行为进行严肃通报处罚。

9. 应急处置

针对现场具体作业项目编制风险失控现场应急处置方案。组织作业人员学习并掌握现场处置方案，现场应急处置方案范例见附录 B。现场工作人员应定期接受培训，学会紧急救护法，会正确脱离电源、心肺复苏法、转移搬运伤员等。

五、典型作业安全风险辨识与控制

（1）继电保护作业安全风险辨识内容（公共部分）见表 3－9。

表 3－9　　继电保护作业安全风险辨识内容（公共部分）

序号	辨识项目	辨识内容
1	停役设备	在继电保护装置、安全自动装置及自动化监控系统屏（柜）上或附近进行打眼等振动较大的工作时，应采取防止运行中设备误动的措施，必要时向调度申请，经值班调控人员或运维负责人同意，暂时停用相关保护
2	作业人员	作业人员的身体状况和精神状态良好，连续工作是否出现疲劳困乏或情绪异常
3	外来人员	外来人员资质确认，熟悉《变电安规》并经考试合格，告知危险点、安全注意事项并使用外来人员教育卡
4	厂家人员	确认厂家人员业务技能符合工作要求，熟悉《变电安规》并经考试合格，告知危险点及安全注意事项并使用厂家人员教育卡
5	安全工器具	试验装置外壳必须接地，且应和被试保护装置外壳在保护屏同一点接地
6	安全措施	按规定需填写二次工作安全措施票的工作必须使用二次工作安全措施票；已有二次典型安全措施的设备上工作，必须使用二次典型安全措施票，并和实际接线及图纸再次确认无误后执行

（2）继电保护作业安全风险辨识内容及典型控制措施（专业部分）见表3－10。

表3－10 继电保护作业安全风险辨识内容及典型控制措施（专业部分）

序号	辨识项目	辨识内容	典型控制措施
1	传动试验	（1）传动过程中伤害一次检修人员	（1）继电保护装置做传动试验时，应通知该设备检修负责人，并派人到现场监视，或在被传动的断路器上悬挂“断路器正在传动”的警告牌后方可进行； （2）保护传动试验时，需攀登一次设备（主变压器本体），应在有经验的第二人监护下进行，并戴好安全帽，系好安全带
		（2）10kV中置柜单间隔传动，母线带电时，推入试验位置有危险（因二次航空插座连线短，开关小车必须推入试验位置）	断路器传动前先由值班运维人员打开柜门锁，检查柜内触头挡板是否正常，断路器推入试验位置后检查是否到位；断路器传动结束后及时将开关小车拉至检修位置，柜门上锁
2	保护、继电器校验	（1）电流回路开路造成人身触电	严禁将电流互感器二次侧开路。短路电流回路必须用短接片或导线压接，严禁用导线缠绕。禁止在电流互感器与短路端子之间的回路和导线上进行任何工作。不得将回路的永久接地点断开，工作必须有专人监护，使用绝缘工具并站在绝缘垫上
		（2）接拆电源时未断开电源侧开关造成人员低压触电	工作人员间密切配合，使用完整合格的安全开关，接、拆试验电源时，必须断开电源侧开关并经第二人检查无误
		（3）带电拆接二次接线造成触电	认真熟悉图纸，查清自动装置和有关设备之间的联系，拆、搭线头时要使用绝缘工具并站在绝缘垫上，逐个包好或剥去绝缘带，防止误碰
		（4）联跳回路未断开造成运行中断路器跳闸	严格执行标准化作业指导书（卡），对于标准化作业指导书（卡）中继保典型安全措施在现场必须再次核对无误后执行
		（5）联跳回路虽然已断开，但拆头不规范或未包好造成运行中断路器跳闸	联跳回路以断开保护装置侧为主，拆电缆侧时宜用红色绝缘胶布包好拆开的电缆头，以起警示作用
3	高频保护通道设备试验	（1）线路运行时拆装高频结合滤波器造成触电	（1）拆装结合设备前，应合上接地刀闸，必要时工作人员宜增挂工作接地线； （2）试验高频通道设备用的仪表金属外壳应可靠接地，工作人员做好相互配合，拉合电源开关时应发出相应口令
		（2）继保、通信共用通道上工作，由于通信载波机不停用引起触电	在共用通道上工作时应相互及时取得联系，由调度机构及时停用有关载波机
		（3）二次回路通电或耐压试验引起人身触电	回路通电耐压试验前，应通知值班运维人员和有关人员，并派人到现场看守，检查回路上确实无人工作方可加压。电压互感器的二次回路通电试验时，为防止由二次侧向一次侧反送电，除应将二次回路断开外，还应取下一次保险或断开隔离开关

续表

序号	辨识项目	辨识内容	典型控制措施
4	二次电缆敷设、制作	（1）开挖直埋电缆沟时伤及地下管线或沟内敷设电缆造成运行电缆受力损伤而引起触电	开挖直埋电缆沟，或在运行的电缆沟内敷设电缆，应取得有关地下管线布置图等资料，采取安全措施，防止伤及已运行的电缆
		（2）拉引电缆时误碰运行设备触电	在运行设备附近拉引电缆时，应与带电部分保持安全距离，防止工作人员误碰运行设备
		（3）拉引电缆时损坏运行电缆	在运行电缆上拉引电缆时，应对运行电缆做好防止损坏措施
		（4）电缆穿入带电柜内时触及带电部位	电缆穿入带电的柜内，首先应核对命名和位置无误，要有专人接引，严防电缆触及带电部位
		（5）制作电缆伤及手、脚等	电缆剖头前要核对命名，剖电缆头应正确使用劳动防护用品，防止割刀伤害手脚等
		（6）电缆盖板压伤人员或工作人员踏空跌入电缆沟摔伤	翻、盖电缆盖板时应穿戴好劳保用品，有专人监护，防止压伤人员手脚。电缆盖板应放置平稳，防止工作人员摔伤
5	设备更换	（1）保护屏更换时误碰屏顶小母线造成短路	屏顶小母线必须用绝缘挡板隔离，使用的断线钳应用绝缘胶布包覆
		（2）保护联跳回路未拆干净造成运行中断路器跳闸	施工前应按照现场勘察编制施工方案，对更换设备涉及的运行设备进行全面摸底，在设备更换时对所有运行设备进行可靠隔离
		（3）由外单位施工的设备更换工作，由于双方职责界面不清造成误动运行设备	施工方与配合方在施工前必须有一个交界面划分规定，使双方在职责范围内各行其职，避免工作中疏漏
6	改定值	（1）对于整定单中功能性定值已改变的保护未进行相应传动，造成保护不正确动作	对于整定单中功能性定值已改变的保护应申请停用相关一次设备并进行相应传动
		（2）改定值未停用相应保护，造成断路器跳闸	改定值必须停用相应保护，并得到调度部门的许可
7	核对电流互感器、电压互感器铭牌，检查二次接线	（1）作业人员在高处作业时，未系安全带，作业不慎造成高处坠落	作业人员在高处作业时应系安全带，并将安全带系在牢固构件上
		（2）作业人员在高处作业时由于感应电造成作业人员触电或坠落	做好防止感应电触电的措施，作业时高架车、设备等外壳应可靠接地。使用高架车时应有专人指挥和监护，作业前与驾驶员统一指挥信号
		（3）梯子靠在电流互感器、电压互感器上作业，梯子上部未采取绑扎措施，梯子下部未派专人扶持，作业时梯子滑倒，造成人身伤害	梯子靠在电流互感器、电压互感器上作业时，应用绳索绑扎牢固，梯子下部应派专人看扶，并加强现场安全监护

（3）电测仪表作业安全风险辨识内容（公共部分）见表3-11。

表3-11 电测仪表作业安全风险辨识内容（公共部分）

序号	辨识项目	辨识内容
1	停役设备	在交流采样测量装置、继电保护装置及自动化监控系统屏（柜）上或附近进行打眼等振动较大的工作时，应采取防止运行中设备误动的措施，必要时向调度申请，经值班调控人员或运维负责人同意，将保护暂停用
2	作业人员	（1）现场工作人员应身体健康、精神状态良好，现场校验工作至少有2名检定人员方可开展工作； （2）工作人员必须具备必要的电气知识；掌握本专业作业技能；检定人员必须持有国家电网公司颁发的计量检定员证书并经批准上岗； （3）全体人员必须熟悉《变电安规》的相关知识，熟悉现场安全作业要求，并经《变电安规》考试合格
3	外来人员	外来人员资质确认，熟悉《变电安规》并经考试合格，告知危险点及安全注意事项并使用外来人员教育卡
4	厂家人员	确认厂家人员业务技能符合工作要求，熟悉《变电安规》并经考试合格，告知危险点及安全注意事项并使用厂家人员教育卡
5	安全工器具	（1）标准装置接地点应与装置在同一点接地，严禁电流回路开路、电压回路短路；试验过程中防止电压回路倒送损坏试验设备及低压触电； （2）严禁表计量程选择不当或用低内阻电压表测量跳闸回路，防止误跳运行设备
6	安全措施	按规定需填写二次工作安全措施票的工作必须使用二次工作安全措施票；已有二次典型安全措施的设备上工作，必须使用二次典型安全措施票，并和实际接线及图纸再次确认无误后执行
		（1）使用电炉进行蓄电池组核对性放电试验，做好防止人员触电、烫伤的安全措施； （2）直流屏内工作，应做好相邻带电部位的绝缘隔离措施，防止人员触电及短路电弧灼伤

（4）电测仪表作业安全风险辨识内容及典型控制措施（专业部分）见表3-12。

表3-12 电测仪表作业安全风险辨识内容及典型控制措施（专业部分）

序号	辨识项目	辨识内容	典型控制措施
1	交流采样测量装置和电量变送器校验	（1）工作人员进入现场不戴安全帽，不穿绝缘鞋可能会发生人员伤害事故	进入工作现场，必须正确使用劳动保护用品，工作人员必须戴安全帽穿绝缘鞋，工作中应使用绝缘工具
		（2）现场图纸若有错误，在做安全技术措施过程中可能造成误跳运行设备	做安全技术措施前应先检查实际接线与图纸是否一致，如发现不一致，应及时向专业技术人员汇报，经确认无误后及时修改，修改正确无误后，方可进行校验工作
		（3）拆动二次接线如拆端子外侧接线，有可能造成二次交、直流电压回路短路、接地，跳闸回路误跳运行设备	工作时应认真核对回路接线，查清回路电缆接线，如需拆头，应拆端子排内侧且用绝缘胶布包好，并做好记录

续表

序号	辨识项目	辨识内容	典型控制措施
1	交流采样测量装置和电量变送器校验	（4）在二次回路上拆、接线时，易发生遗漏及误恢复事故	严格执行工作票，拆动和恢复接线都要做好记录，严防遗漏或错接，校验结束后，工作人员应对被校设备的回路进行检查和清理现场
		（5）变更标准装置校验接线，不断开电源，可能会对工作人员造成伤害	变更标准装置校验接线前，应将标准装置归零，并检查标准装置和被校测控装置读数为零，方可变更接线
		（6）标准装置专用校验导线未进行临时固定，可能会脱落，造成运行设备事故	校验前应对专用校验导线进行临时固定，确认连接牢固接线正确方可开始校验
		（7）标准装置专用校验导线未进行临时固定，可能会脱落，造成运行设备事故	校验前应对专用校验导线进行临时固定，确认连接牢固接线正确方可开始校验
		（8）与其他运行设备共用电流互感器的二次回路，加试验电流时，可能通入运行设备，可能误拆运行设备电流回路接地点，电流回路开路或失去接地点，易引起人员伤亡及设备损坏	严禁电流回路开路或失去接地点，防止引起人员伤亡及设备损坏
		（9）现场一次设备实际运行状态不清楚，易造成误操作	工作前，检查确认现场一次设备实际状态是否满足工作条件
		（10）多套装置同屏布置的测控屏上试验易接错间隔造成事故	检查××测控屏上应有“在此工作”标示牌，检查××测控屏相邻设备上有明显的运行标志；测控装置布置较密集时，工作时应注意安全，防止误碰运行设备
		（11）若进入开关柜内工作，如安全措施不够可能引起人身伤害事故	进入开关柜内工作前应先检查开关柜内是否确无电压，经确认无电压及做好安全措施可靠后方可进入
2	二次电缆敷设、制作	（1）开挖直埋电缆沟时伤及地下管线或在电缆沟内敷设电缆造成运行电缆受力损伤而引起触电	开挖直埋电缆沟或在运行的电缆沟内敷设电缆，应取得有关地下管线布置图等资料，采取安全措施，防止伤及已运行的电缆
		（2）拉引电缆时误碰运行设备触电	在运行设备附近拉引电缆时，要与带电部分保持足够的安全距离，防止工作人员误碰运行设备
		（3）拉引电缆时损坏运行电缆	在运行电缆上拉引电缆时，应对运行电缆做好防止损坏措施
		（4）电缆穿入带电柜内时触及带电部位	电缆穿入带电的柜内，首先必须核对命名和位置无误，要有专人接引，严防电缆触及带电部位
		（5）制作电缆伤及手、脚等	电缆剖头前要核对命名，剖电缆头应正确使用劳动防护用品，防止割刀伤害手脚等
		（6）电缆盖板压伤人员或工作人员踏空跌入电缆沟摔伤	翻、盖电缆盖板要穿戴好劳保用品，有专人监护，防止压伤人员手脚。电缆盖板要放置平稳，防止工作人员摔伤
		（7）保护室与通信室之间所用信号传输电缆，受电磁干扰影响	保护室与通信室之间所用信号传输电缆，应采用双绞双屏蔽电缆，屏蔽层在两端分别接地

续表

序号	辨识项目	辨识内容	典型控制措施
3	设备更换	（1）电压监测仪更换时误碰造成电压互感器二次短路或接地	相邻运行设备做好安全隔离，拆开的电压线用绝缘胶布包好，防止误碰
		（2）由外单位施工的设备更换工作，由于双方职责界面不清造成误动运行设备	施工方与配合方在施工前必须有一个交界面划分规定，使双方在职责范围内各行其职，避免工作中疏漏
		（3）电流互感器改变比后加电流试验造成保护误动	停用有关保护设备
4	交流采样测量装置的校验	220kV 以上线路及主变压器侧交流采样校验未通知调控人员，造成数据上传影响电网稳定运行	220kV 以上线路及主变压器侧交流采样校验时联系省、地自动化科封锁虚负荷数据
5	主变压器温度计的现场校验	主变压器温度计校验（温度保护，如接有跳闸回路），温控器接点接线错误造成保护误动	主变压器温度计校验及安装，应检查温控器接点正确性及绝缘

（5）直流设备检修作业安全风险辨识内容（公共部分）见表 3－13。

表 3－13　　直流设备检修作业安全风险辨识内容（公共部分）

序号	辨识项目	辨识内容
1	气候条件	雷雨天气禁止蓄电池组的核对性充放电工作和单体电池更换工作
2	停役设备	（1）直流设备改造，如屏柜拆除、安装振动较大，引起相邻保护设备误动，应停用相邻继电保护设备； （2）单体蓄电池更换中，断路器合闸电流过大引起蓄电池组临时并联搭接处烧损，应停用电磁型合闸机构断路器的合闸电源
3	作业人员	作业人员的身体状况和精神状态是否良好，连续工作是否出现疲劳困乏或情绪异常
4	外来人员	外来人员资质确认，熟悉《变电安规》并经考试合格，告知危险点及安全注意事项并使用外来人员教育卡
5	厂家人员	确认厂家人员业务技能符合工作要求，熟悉《变电安规》并经考试合格，告知危险点及安全注意事项并使用厂家人员教育卡
6	安全工器具	（1）直流设备上工作应使用绝缘工器具，防止人身触电和直流接地、短路； （2）铅酸蓄电池电解液密度调整应戴护目镜，穿耐酸裙和耐酸靴，搬运铅酸蓄电池应穿耐酸裙和耐酸靴，防止电解液伤及人体
7	安全措施	（1）使用电炉进行蓄电池组核对性放电试验，做好防止人员触电、烫伤的安全措施； （2）直流屏内工作，应做好相邻带电部位的绝缘隔离措施，防止人员触电及短路电弧灼伤

（6）直流设备检修作业安全风险辨识内容及典型控制措施（专业部分）见表 3－14。

表 3－14 直流设备检修作业安全风险辨识内容及典型控制措施（专业部分）

序号	辨识项目	辨识内容	典型控制措施
1	直流电源装置检查维护	（1）直流回路上带电工作或接地故障查找，未采取防护措施造成人身触电，直流接地	1）工作时，应有熟悉设备的人员专人监护； 2）使用有绝缘柄的工具并使用高内阻仪表，站在干燥的绝缘物上工作，并戴好手套和安全帽，穿长袖工作服、工作鞋； 3）正确使用二次安全措施票
		（2）直流回路上工作，应断开电源的未断开，造成人身触电	1）工作前，应将直流回路各方面电源断开； 2）工作前，应用万用表等表计测量确无电压
		（3）带电直流屏内工作，在紧固螺丝、端子时由于用力过猛或工具滑脱，造成正负极短路、接地、人身触电	1）工作必须使用绝缘工器具或在金属工器具上包扎绝缘材料，并站在干燥的绝缘物上，同时戴好手套和安全帽，穿长袖工作服、工作鞋； 2）工作必须两人以上进行，相互监护，相互提醒； 3）工作时要把握力度，防止用力过猛或工具滑脱
2	蓄电池核对性充放电	（1）在蓄电池室工作，未开启通风装置，造成室内酸性气体、氢气含量过高，有可能造成蓄电池室爆炸、人身中毒或窒息	1）进入蓄电池室前应开启换气扇或引风机，并在整个工作过程中保持通风； 2）蓄电池室禁止吸烟或明火工作； 3）禁止带有铁钉的鞋进入室内； 4）严禁在蓄电池室内带电接、拆电源； 5）进入时打开蓄电池室窗门
		（2）接、拆放电接线时，不按顺序工作，带电接、拆放电回路接线或极性接反	1）通过专用放电开关接线； 2）在接入放电装置时，必须核对正负极性，防止接反； 3）接线时严格按照先接负荷端后接电源端的顺序，拆除时反之； 4）接、拆放电接线时，放电装置必须停用； 5）工作必须两人以上进行，相互监护，相互提醒
		（3）放电过程如使用电炉，由于工作人员维护不到位，造成人员误碰电炉、直流接地、短路、火灾事故	1）工作前必须仔细检查电炉，保证电炉外壳绝缘良好，无短路现象； 2）不得带电接、拆放电电炉； 3）放电过程中要对电炉加以密切监护，防止人员误碰； 4）放电电炉必须与周围物体保持一定的距离，防止电炉引燃周围物体； 5）工作过程中严禁工作人员擅自离开作业现场
		（4）放电过程中，由于蓄电池性能不佳，如内阻过大等，造成蓄电池开路、爆炸，引起直流系统事故	1）放电开始时，应密切观察放电电流、各个蓄电池电压，若发现异常，如发现单节蓄电池电压过高、放电电流过小，应立即停止放电； 2）放电过程中，如发现蓄电池温度异常升高，应立即停止放电，防止蓄电池爆炸； 3）及时将异常电池退出运行

续表

序号	辨识项目	辨识内容	典型控制措施
2	蓄电池核对性充放电	（5）充电过程中，由于充电电压、充电电流不适当，造成蓄电池过充或欠充	1）充电前应核对浮充电压定值、均充电压定值，如不适当，必须加以调整； 2）充电前应核对充电限流值，正常情况下，大小应设置为 0.1C10A； 3）充电前应核对均充转浮充电流值、时间值，正常情况下均充转浮充电流值为 0.01C10A，时间为 3h
		（6）直流设备操作时误操作；跑错间隔误动其他运行设备	1）操作前认真核对图纸、接线及断路器闸刀命名； 2）操作中加强监护，仔细核对间隔、屏名称，每日收工必须恢复设备状态
3	蓄电池（阀控式铅酸蓄电池）更换	（1）在搬运蓄电池过程中，由于蓄电池滑脱，砸伤工作人员的脚	1）搬运过程应使用防滑手套、防滑工作鞋，手套、工作鞋要保持干燥； 2）搬运路程应无障碍物，防止触碰而使蓄电池掉落； 3）搬运路程应保持全程干燥，防止工作人员滑倒； 4）搬运应小心仔细，走路步子不可太大； 5）如蓄电池过重，搬运必须由两人以上进行配合，切忌一人硬搬
		（2）蓄电池在就位时，蓄电池掉落，砸伤工作人员	1）搬运过程应使用防滑手套、防滑工作鞋，手套、工作鞋要保持干燥； 2）在搬较重的蓄电池时，应由两人及以上配合进行，切忌一人硬搬； 3）如蓄电池放置位置较高，应使用专用的登高工具或较坚实并有防滑措施的凳子； 4）蓄电池放入蓄电池屏（或架）时，应采取防掉落措施
		（3）蓄电池连接时，由于措施不当，造成蓄电池短路，灼伤人体或人眼	1）工作时应使用绝缘工器具，并站在干燥的绝缘物上，同时戴好手套、防护眼镜，穿长袖工作服、工作鞋； 2）连接蓄电池前，应确定连接方案，并让每一个工作人员知晓； 3）连接蓄电池时，应核对蓄电池极性，防止极性接错； 4）连接各个屏、架（或平台）的蓄电池时，应用万用表或电压表检查确无电压后方可连接，如有电压，应查明原因
		（4）连接蓄电池时，由于方法不当，造成蓄电池间的连接电阻过大	1）连接前，应去除蓄电池极柱、连接条上的氧化部分； 2）应用专用连接条、连接线、连接螺丝； 3）蓄电池在线检测装置采样回路端子必须压在连接条或连接线的上方，切勿压在下方； 4）连接螺丝必须拧紧，整组蓄电池连接后，应再检查一遍
		（5）连接过程中，由于措施不当，造成人体触电	1）工作时，应有熟悉设备的人员专人监护； 2）使用有绝缘柄的工具并使用高内阻仪表，站在干燥的绝缘物上工作，并戴好手套和安全帽，穿长袖工作服、工作鞋

续表

序号	辨识项目	辨识内容	典型控制措施
3	蓄电池（阀控式铅酸蓄电池）更换	（6）在蓄电池室使用明火，有可能造成蓄电池室爆炸	1）应开启换气扇或引风机，并在整个工作过程中保持通风； 2）蓄电池室禁止吸烟或明火工作； 3）进入时打开蓄电池室窗门
		（7）蓄电池更换后的充电过程中，由于充电电压、充电电流不适当，造成蓄电池过充或欠充	1）充电前应核对浮充电压定值、均充电压定值，如不适当，必须加以调整； 2）充电前应核对充电限流值，正常情况下，大小应设置为 0.1C10A； 3）充电前应核对均充转浮充电流值、时间值，正常情况下均充转浮充电流值为 0.01C10A，时间为 3h
4	充电装置更换	（1）在搬运充电装置过程中，由于充电装置滑脱，砸伤工作人员的脚	1）搬运过程应使用防滑手套、防滑工作鞋，手套、工作鞋要保持干燥； 2）搬运路程应无障碍物，防止工作触碰而使充电装置掉落； 3）搬运路程应保持全程干燥，防止工作人员滑倒； 4）搬运应小心仔细，走路步子不可太大； 5）如充电装置过重，搬运必须由两人以上进行配合，切忌一人硬搬
		（2）直流回路上带电工作，未采取防护措施，造成人身触电、直流接地	1）工作时，应有熟悉设备的人员专人监护； 2）使用有绝缘柄的工具并使用高内阻仪表，站在干燥的绝缘物上工作，并戴好手套和安全帽，穿长袖工作服、工作鞋； 3）正确使用二次安全措施票
		（3）直流回路上工作，应断开电源而未断开，造成人身触电	1）工作前，应将直流回路各方面电源断开； 2）工作前，应用万用表等表计验电
		（4）带电直流屏内工作，在紧固螺丝、端子时由于用力过猛或工具滑脱，造成正负极短路、接地、人身触电	1）工作应使用绝缘工器具或在金属工器具上包扎绝缘材料，并站在干燥的绝缘物上，同时戴好手套和安全帽，穿长袖工作服、工作鞋； 2）工作应两人以上进行，相互监护，相互提醒； 3）工作时要把握力度，防止用力过猛或工具滑脱
		（5）直流系统电源接线错误；直流系统电源开路、短路	1）拆接中应加强监护，做好相应的直流隔离措施； 2）拆、接前仔细核对正负极性，做好明显且不易消失的标记； 3）环路负荷合上开关前必须核对极性、电压； 4）工作人员间密切配合，使用完整合格的安全开关，拆、搭线头时要逐个包好或剥去绝缘带，防止误碰
5	直流屏更换	（1）在搬运直流屏过程中，碰到继电保护等运行屏	1）在搬运直流屏过程中，应与运行设备屏保持足够的安全距离； 2）搬运通道应畅通，无障碍物； 3）搬运过程应有 1 人监护，时刻监护与运行屏的距离； 4）搬运速度必须适当，不能太快； 5）至少应有 3 人搬运

续表

序号	辨识项目	辨识内容	典型控制措施
5	直流屏更换	（2）在进行屏就位时，屏滑落翻倒	1）屏就位前，必须计划好屏的运行路径； 2）至少应有3人进行屏就位； 3）屏放至预定位置后，应马上用底座螺丝进行固定，如有两块及以上屏，屏间也要进行固定
		（3）直流回路上带电工作，未采取防护措施，造成人身触电、直流接地	1）工作时应有熟悉设备的人员专人监护； 2）使用有绝缘柄的工具、高内阻仪表，站在干燥的绝缘物上工作，并戴好手套和安全帽，穿长袖工作服、工作鞋； 3）正确使用二次安全措施票
		（4）直流回路上工作，应断开电源而未断开，造成人身触电	1）工作前，应将直流回路各方面电源断开； 2）工作前，应用万用表等表计验电
		（5）带电直流屏内工作，在紧固螺丝、端子时由于用力过猛或工具滑脱，造成正负极短路、接地、人身触电	1）工作应使用绝缘工器具或在金属工器具上包扎绝缘材料，并站在干燥的绝缘物上，同时戴好手套和安全帽，穿长袖工作服、工作鞋； 2）工作应两人以上进行，相互监护，相互提醒； 3）工作时要把握力度，防止用力过猛或工具滑脱
		（6）直流系统电源接线错误；直流系统电源开路、短路	1）拆接时应加强监护，做好相应的直流隔离措施； 2）拆、接前仔细核对正负极性，做好明显且不易消失的标记； 3）环路负荷合上开关前应核对极性、电压； 4）工作人员间密切配合，使用完整合格的安全开关，拆、搭线头时要逐个包好或剥去绝缘带，防止误碰
6	二次电缆敷设、制作	（1）拉引电缆时误碰运行设备触电	在运行设备附近拉引电缆时，应与带电部分保持足够的安全距离，防止工作人员误碰运行设备
		（2）拉引电缆时损坏运行电缆	在运行电缆上拉引电缆时，应对运行电缆做好防止损坏措施
		（3）电缆穿入带电柜内时触及带电部位	电缆穿入带电的柜内，首先必须核对命名和位置无误，要有专人接引，防止电缆触及带电部位
		（4）制作电缆伤及手、脚等	电缆剖头前要核对命名，剖电缆头应正确使用劳动防护用品，防止割刀伤害手脚等
		（5）电缆盖板压伤人员或工作人员踏空跌入电缆沟摔伤	翻、盖电缆盖板时应穿戴好劳保用品，有专人监护，防止压伤人员手脚。电缆盖板应放置平稳，防止工作人员摔伤

第四章

隐 患 排 查 治 理

第一节 概　　述

安全隐患排查治理是企业管理的重要内容，按照“谁主管、谁负责”和“全覆盖、勤排查、快治理”的原则，明确责任主体，落实职责分工，实行分级分类管理，做好全过程闭环管控。

一、定义与分级

安全隐患是指在生产经营活动中，违反国家和电力行业安全生产法律法规、规程标准以及国家电网公司安全生产规章制度，或因其他因素可能导致安全事故（事件）发生的物的不安全状态、人的不安全行为、作业环境不良和安全管理方面的缺失等。

根据可能造成的事故后果，安全隐患分为重大隐患、较大隐患、一般隐患、较小隐患四个等级。

（1）重大隐患主要包括可能导致以下后果的安全隐患：

1）一至二级电网、设备事件。

2）一至四级人身事件。

3）水电站大坝溃决事件。

4）特大或重大火灾事故。

5）特大交通事故。

（2）较大隐患主要包括可能导致以下后果的安全隐患：

1）三至四级电网、设备事件。

2）五至六级人身事件。

3）五级信息系统事件。

4）水电站大坝漫坝事件。

5）较大或一般火灾事故。

6）重大交通事故。

7）安全管理隐患：违反国家、行业安全生产法律法规的管理问题。

（3）一般隐患主要包括可能导致以下后果的安全隐患：

1）五至六级电网、设备事件。

2）七至八级人身事件。

3）六至七级信息系统事件。

4）一般交通事故。

5）安全管理隐患：违反省级地方性安全生产法规和公司安全生产管理规定的管理问题。

6）其他对社会及公司造成较大影响的事件。

（4）较小隐患主要包括可能导致以下后果的安全隐患：

1）七至八级电网、设备事件。

2）八级信息系统事件。

3）轻微交通事故。

4）安全管理隐患：违反省公司级单位安全生产管理规定的管理问题。

根据隐患产生原因和导致事故（事件）类型，隐患分为人身安全隐患、系统运行安全隐患、设备安全隐患、网络安全隐患、消防安全隐患、大坝安全隐患、安全管理隐患和其他安全隐患八类。

二、职责分工

（1）各单位是安全隐患排查、治理和防控的责任主体。各单位主要负责人对本单位隐患排查治理工作负全面领导责任；分管负责人对分管业务范围内的隐患排查治理工作负直接领导责任。

（2）各级安全生产委员会是本单位安全隐患排查治理工作的领导机构，负责建立健全安全隐患排查治理规章制度，组织实施隐患排查治理工作，协调解决工作中存在的重大问题，保障隐患排查治理人员、资金和物资需求。

（3）各级安委办是本单位安全隐患排查治理工作领导机构办公室，负责安全隐患排查治理工作的综合协调和监督管理，组织和督促安委会成员单位编制、修订隐患排查标准，对隐患排查治理工作进行监督、检查、评价、考核。

（4）各级设备（运检）、建设、互联网、水新、产业、调控等专业部门是本专业隐患排查治理的归口管理部门，按照“管业务必须管安全”的原则，负责本专业隐患标准编制、排查组织、评估认定、治理实施、检查验收和业务指导工作；各级发展、财务、物资等部门负责安全隐患治理所需的项目、资金、物资等投入保障。

（5）各级从业人员负责管辖范围内安全隐患的排查、登记、报告，实施整改治理，并根据职责分工，定期报送隐患信息。

（6）对于生产经营项目或工程项目发包、场所出租等业务，各级单位应与承包、承租单位签订安全管理协议，并在协议中明确各方对安全隐患排查、治理和管控的管理职责，按照“谁发包谁负责、谁出租谁负责”的原则，对承包、承租单位隐患排查治理负有统一协调和监督管理责任。

第二节　隐患标准及隐患排查

一、隐患标准

（1）国家电网公司总部以及省、市公司级单位应分层分级建立隐患排查标准，明确排查对象、排查方法和判定依据等内容，指导从业人员及时发现和准确判定安全隐患。

（2）隐患排查标准编制应对照安全生产法律法规和规章制度，结合国家电网公司反事故措施和安全事故（事件）暴露的典型问题，分专业编制重大、较大、一般、较小隐患排查标准，确保重点突出、描述准确、依法合规。

（3）隐患排查标准编制应坚持“谁主管、谁编制”“分级编制、逐级审查”的原则，各级安委办负责制定隐患排查标准编制规范，各级专业部门负责本专业排查标准编制，并对下级单位编制的排查标准组织审查。

1）国家电网公司总部应编制重大和较大隐患排查标准，对一般隐患排查标准进行审查。

2）省公司级单位应参考国家电网公司重大和较大隐患排查标准，编制一般隐患排查标准，对较小隐患排查标准进行审查。

3）地市公司级单位应参照上级重大、较大、一般隐患排查标准，编制较小隐患排查标准。

（4）各专业隐患排查标准编制完成后，由本单位安委办负责汇总、组织审查，经本单位安委会批准后，以正式文件发布。

（5）各单位应将隐患排查标准培训纳入安全教育培训计划，开展全员培训，指导员工准确掌握隐患排查内容及排查方法，提高全员隐患排查发现能力。

（6）隐患排查标准实行动态管理，各级单位应定期对隐患排查标准的针对性、有效性进行评估，结合安全生产法律法规或规章制度“立改废释”，对安全事故（事件）暴露的问题滚动修订，每年一季度前发布一次。

二、隐患排查

（1）各单位应在每年6月底前对照隐患排查标准，组织开展一次涵盖安全生产各领域、各专业、各环节的安全隐患全面排查。各级专业部门应加强本专业隐患排查工作指导。针对专业性较强、复杂程度较高的安全隐患，必要时组织专业技术人员或专家开展诊断分析。

（2）针对排查发现的安全隐患，隐患所在车间及班组应依据排查标准进行初步评估定级，利用国家电网公司安全隐患管理信息系统建立档案，形成本车间、班组安全隐患数据库，并汇总上报至相关专业部门开展评估认定。

（3）各级相关专业部门收到安全隐患报送信息后，应对照隐患排查标准，对安全隐患排查的全面性、定级的准确性进行专业审查，对存在的问题督促整改，形成本专业年度安全隐患数据库。

（4）各级安委办对各专业年度安全隐患数据库进行汇总、复核，报本单位安委会会议审议，对本级单位可以评估认定的安全隐患审核后反馈至隐患所在单位，对需要上级单位评估认定的安全隐患报上级安委办。

1）市公司级单位安委会审议基层单位和本级排查发现的安全隐患，对一般和较小隐患认定后反馈至隐患所在单位，对较大及以上隐患报上级安委办。

2）省公司级单位安委会审议地市公司级单位和本级排查发现的安全隐患，对较大隐患认定后反馈至隐患所在单位，对重大隐患报国家电网公司总部审核认定。

3）国家电网公司总部安委会审议省公司级单位和本级排查发现的安全隐患，对重大隐患认定后反馈至隐患所在单位。

4）各级单位应对照上级审核反馈和本级安全隐患，分层分级建立本单位年度安全隐患清单。

（5）针对国家、行业及地方政府部署开展的安全生产专项行动，各单位应在国家电网公司隐患排查标准的基础上，补充相关排查条款，开展针对性排查治理工作。

（6）针对国家电网公司系统事故（事件）暴露的典型问题，上级单位应及时发布警示信息，组织所属单位举一反三开展事故类比排查，滚动更新安全隐患清单。

第三节　隐患治理及重大隐患管理

一、隐患治理

（1）隐患一经确定，隐患所在单位应立即采取防止隐患发展的安全控制措施，并根据隐患具体情况和紧急程度制定治理计划，逐项明确治理单位、责任人及完成时限，做到责任、措施、资金、期限和应急预案“五落实”。

（2）各级专业部门负责组织制定本专业隐患治理方案或措施，较大及以上隐患由省公司级单位组织制定治理方案，一般隐患由市公司级单位组织制定治理方案或治理措施，较小隐患由县公司级单位制定治理措施。

（3）各级安委办负责本单位隐患治理工作综合协调，对需要多专业协同治理的安全隐患，必要时召开安委会会议明确治理责任、措施和资金。

（4）各级单位应建立隐患治理协调联动机制，对超出本单位治理能力的安全隐患，及时报送上级单位协调处理；对需要地方政府部门协调解决的安全隐患，及时报告政府有关部门协调治理。

（5）各级单位应将隐患治理作为项目储备的重要依据，统一纳入综合计划和预算优先安排。国家电网公司总部及省、地市公司级单位应建立隐患治理绿色通道，对计划和预算外但急需实施治理的隐患，及时调剂和保障所需资金和物资。

（6）重大隐患治理完成前或治理过程中无法保证安全的，应从危险区域内撤出相关人员，设置警戒标志，暂时停工停产或停止使用相关设备设施，治理完成并验收合格后方可恢复生产和使用。

（7）隐患所在单位应将隐患治理任务纳入年度安全生产工作重点，结合电网技改大修、检修运维、规章制度“立改废释”等及时开展治理，各专业部门应加强专业指导和督导检查，按期实现治理销号。

（8）各级安委会应开展隐患治理挂牌督办，按照隐患等级越高、督办力度越大的原则，国家电网公司总部挂牌督办重大隐患，省公司级单位挂牌督办较大隐患，市公司级单位挂牌督办治理难度大、治理周期长的一般隐患。

（9）隐患治理完成后，隐患整改单位在自验合格的基础上提出验收申请，相关专业部门应在申请提出后一周内完成验收，验收合格予以销号备案，不合格重新组织治理，结果向本级单位安委办备案。

1）较小隐患治理结果由县公司级单位组织验收。

2）一般隐患治理结果由地市公司级单位组织验收。

3）较大及以上隐患治理结果由省公司级单位组织验收，重大隐患治理应有书面验收报告。

4）涉及国家、行业监管部门、地方政府挂牌督办的重大隐患，在治理工作结束后，应及时将有关情况报告相关政府部门。

（10）各级安委办应会同专业部门每年开展一次隐患排查治理工作总结，针对共性问题和突出隐患深入分析隐患成因，健全完善“从根本上消除事故隐患”的制度措施和保障机制。

（11）各级单位应运用安全隐患管理信息系统，实现隐患排查治理工作全过程记录和“一患一档”管理。隐患档案应包括隐患简题、隐患内容、隐患编号、隐患所在单位、专业分类、归属部门、评估定级、治理期限、治理完成情况等信息。隐患排查治理过程中形成的会议纪要、正式文件、治理方案、应急预案、验收报告等应归入隐患档案。

（12）各级单位应将隐患排查治理情况如实记录，并通过信息公示栏等方式向从业人员通报。各级单位应在月度安全生产会议上通报本单位隐患排查治理情况，各班组应在安全日活动上通报本班组隐患排查治理情况。

（13）各级安委办应定期对本单位隐患排查治理情况开展统计分析，各省公司级单位每月 5 日前通过安全隐患管理信息系统向国家电网公司总部报送上月度隐患排查治理情况，次年 1 月 5 日前通过公文报送上年度隐患排查治理工作总结。

（14）各级安委办按规定向国家能源局及其派出机构、地方政府有关部门报告安全隐患统计信息和工作总结。各级单位应做好沟通协调，确保隐患排查治理报送数据的准确性和一致性。

二、重大隐患管理

（1）重大隐患实行即时报告制度，各单位自评估为重大隐患的，应于5个工作日内报国家电网公司总部相关专业部门认定，确认为重大隐患的及时向国网安委办报备，并向所在地区政府安全监管部门和电力安全监管机构报告。

（2）重大隐患报告内容应包括隐患的现状及其产生原因、隐患的危害程度和整改难易程度分析、隐患治理方案。

（3）重大隐患应制定治理方案，重大隐患治理方案应包括治理目标和任务、采取方法和措施、经费和物资落实、负责治理的机构和人员、治理时限和要求、防止隐患进一步发展的安全措施和应急预案等。

（4）重大隐患治理应执行“两单一表”（即签发督办单、制定管控表、上报反馈单）制度，实现闭环监管。

1）签发安全督办单。国网安委办获知或直接发现所属单位存在重大隐患的，由安委办主任或副主任签发安全督办单，对省公司级单位整改工作进行全程督导。

2）制定过程管控表。省公司级单位在接到督办单10日内，编制安全整改过程管控表，明确整改措施、责任单位（部门）和计划节点，由安委会主任签字、盖章后报国网安委办备案，国网安委办按照计划节点进行督导。

3）上报整改反馈单。省公司级单位完成整改后5日内，填写安全整改反馈单，并附佐证材料，由安委会主任签字、盖章后报报国网安委办备案。

（5）各级单位重大隐患排查治理情况应及时向政府负有安全生产监督管理职责的部门和本单位职代大会或职工代表大会报告。

第四节　隐患排查治理案例

【案例一】变电站电压互感器至保护屏内的电压二次回路N600接线松动或断裂，存在导致系统接地故障时保护电压采样错误后不正确动作的安全隐患。

1. 隐患排查（发现）

某日，某变电站发生某220kV线路两侧的第一套线路保护（以下简称为保护 1）动作，检查发现为保护误动。在保护 1 的屏端子施加电压量和电流量模拟反方向故障，零序保护动作，表明装置内部确实存在异常。对装置进行两种通交流电压的实验，并打印装置的采样值。首先单相按相施加交流电压，发现保护装置不能感受到任何电压量。然后再施加 AB 相间电压，此时 A、B、C 都有电压量，施加 AC、BC 相间电压，情况基本类似，保护装置的电压采样值也存在明显异常，基本可以断定内部接线松动。装置内部检查发现 1n78（UN）、1n80（UL）接线松脱（螺丝虽紧，接线头未压紧），经重新压接，模拟区内外各种类型故障保护装置均动作正确，表明装置恢复正常。即当 N600 接线松动或断裂时，在系统发生接地故障时，存在保护不正确动作的安全隐患。不符合 GB 50171—2012《电气装置安装工程盘、柜及二次回路接线施工及验收规范》“3.0.9 二次回路接线施工完毕后，应检查二次回路接线是否正确、牢靠；6.0.1 二次回路接线应符合下列规定：2. 导线与电气元件间应采用螺栓连接、插接、焊接或压接等，且均应牢固可靠。”、《电力系统继电保护及安全自动装置反事故措施管理规定》“8.3 经控制室零相小母线（N600）联通几组电压互感器二次回路，只应在控制室将 N600 一点接地，各电压互感器二次中性点在开关场的接地点应断开；为保证接地可靠，各电压互感器的中性线不得接有可能断开的开关或接触器等。”所对应条款，可能导致六级电网事件；按照［国网（安监/3）481—2014］《国家电网公司安全隐患排查治理管理办法》“第二章 定义与分级”规定：六级电网事件构成一般隐患。

2. 隐患评估

隐患所在单位预评估其为一般隐患，并在 3 天后报某公司运维检修部，某公司运维检修部在接报告后 1 周内完成专业评估及主管领导审定，最终评估并认定为一般隐患，并在确定后 1 周内反馈意见。

3. 隐患治理

隐患所在单位根据某公司反馈意见，计划在当年内完成治理，并同步制定防控措施。N600 回路松动或者断线的隐患通常无法通过监控信号直接获得，主要在工程验收、日常巡视、检修阶段进行。

（1）工程验收和停电检修。在工程验收和停电检修时，采取的主要排查方法有：

1）工程验收和停电检修工作中应加强重点二次回路的排查工作，确保二次回路接线正确紧固。针对二次电压回路的接线采取逐个紧固方式，发现有松动现象后应紧固并进行采样试验检查。

2）工程验收时开展二次通压试验，通压试验时应断开电压互感器二次总开关，从压变端子箱对电压二次回路分别通入三相不平衡电压和额定电压，检查各保护装置上电压采样是否稳定正确。

3）停电检修时对保护装置进行采样试验，从保护屏端子分别通入三相不平衡电压和额定电压，检查保护装置上电压采样是否稳定正确。

（2）设备已投入正常运行。在设备已投入正常运行时，采取的主要排查方法有：

1）检查装置有无异常告警，检查保护装置显示电压采样是否稳定正常，是否存在明显的零序电压 $3U_0$ 升高且三次谐波含量高的现象。

2）检查故障录波器上稳态录波中是否存在明显的零序电压 $3U_0$，其中的三次谐波含量高。

3）测量 N600 一点接地线电流大小。正常运行时 N600 一点接地运行，接地线正常电流约为 0～50mA，采用毫安级高精度钳形电流表，如发现电流小于 10mA 的情况，应检查全站电压回路 N600 接地点是否存在松动或者断裂的现象。

4. 验收销号

在隐患所在单位完成治理后，经某公司运维检修部对××变电站某 220kV 线路保护二次电压回路 N600 接线松动隐患（×号隐患）进行现场验收，治理方案各项措施已按要求实施，治理完成情况属实，满足安全（生产）运行要求，验收合格，治理措施已按要求实施，该隐患已消除。

【案例二】110kV××变电站主变压器非电量保护跳闸重动继电器启动功率过低，存在因二次回路干扰导致非电量保护误动作的安全隐患。

1. 隐患排查（发现）

某 110kV 变电站大修时发现 1 号主变压器非电量保护跳闸重动继电器动作功率测试值：本体重瓦斯动作功率为 3.22W；有载重瓦斯动作功率为 1.518W；压力释放动作功率为 1.564W。继电器功率均小于 5W，不满足要求。该非电量装置投产时间 2005 年，当时还没有非电量跳闸重动继电器动作功率大于 5W 的要求。现在要求非电量继电器与直跳回路一样，具备抗 220V 工频交流干扰的能力，启动功率要大于 5W。在不允许增加电气量的防误措施的条件下，对装置动作功率要求较高，可以防止非电量保护误动。不符合 Q/GDW 1175—2013《变压器、高压并联电抗器和母线保护及辅助装置标准化设计规范》“5.2.7.C 用于非电量跳闸的直跳继电器，启动功率应大于 5W，动作电压在额定直流电源电压的 55%～70%范围内，额定直流电源电压下动作时间为 10ms～35ms，应具有抗 220V 工频干扰电压的能力。”的规定。若不及时治理，在二次回路受到较大干扰时，可能引发非电量保护继电器误动作。依据《国家电网有限公司安全事故调查规程（国家电网安监〔2020〕820 号）》中“4.2.6.5（4）110kV（含66kV）以上系统中，一次事件造成两台以上主变压器跳闸停运。”相关条款，可能构成六级电网事件。按照《国家电网公司安全隐患排查治理管理办法》[国网（安监/3）481—2014]“第二章 定义与分级”规定：六级电网事件构成一般隐患。

2. 隐患评估

隐患所在单位预评估其为一般隐患，并在 3 天后报某公司运维检修部，某公司运维检修部在接报告后 1 周内完成专业评估及主管领导审定，最终评估并认定为一般隐患，并在确定后 1 周内反馈意见。

3. 隐患治理

隐患所在单位计划在主变压器大修期间完成治理，并同步制定防控措施。

（1）安排检修摸排整改。开展非电量直跳继电器动作功率排查工作。核查检修记录和反措台账，对未记录过的主变压器，结合停役进行试验确认。对于不符合动作功率大于 5W 的直跳继电器，要求尽快结合停役进行整改。

（2）继电器功率的测试方法，用继电保护测试仪或者直流试验电源提供控制电源给继电器，回路中串入电流表测量电流。从 0V 开始逐渐提高输入继电器的电源电压，当听到继电器动作接点吸合的声音时，停止加压。观察电流表，此时应当有稳定的电流，记录此时的电流大小，并用万用表电压挡测量继电器输入电压。将电流与电压相乘得到继电器的动作功率。

（3）加强整改前的日常管理。未整改期间，运维人员要加强对相关设备的巡视工作。设备出现异常后，立即通知相关检修人员到场检查。

现场检修人员在大修期间，立即对不符合要求的非电量跳闸重动继电器进行更换。经整改后，主变压器非电量保护各项功能完好，试验结果正确。

4. 验收销号

在隐患所在单位完成治理后，经某公司运维检修部对 110kV××变电站 1

号主变压器非电量保护跳闸继电器启动功率过低的隐患（×号隐患）进行现场验收，治理方案各项措施已按要求实施，治理完成情况属实，满足安全（生产）运行要求，验收合格，治理措施已按要求实施，该隐患已消除。

第五章

生产现场的安全设备设施

安全设施是指在生产经营活动中将危险因素、有害因素控制在安全范围内以及预防、减少、消除危害所设置的安全标志、设备标志、安全警示线、安全防护设施等的统称。变电站内生产活动所涉及的场所、设备（设施）、检修施工等特定区域以及其他有必要提醒人们注意危险有害因素的地点，应配置标准化的安全设施。

安全设施的设置要求：

（1）安全设施应清晰醒目、规范统一、安装可靠、便于维护，适应使用环境要求。

（2）安全设施所用的颜色应符合 GB 2893《安全色》的规定。

（3）变电设备（设施）本体或附近醒目位置应装设设备标志牌，涂刷相色标志或装设相位标志牌。

（4）变电站设备区与其他功能区、运行设备区与改（扩）建施工区之间应装设区域隔离遮栏。不同电压等级设备区宜装设区域隔离遮栏。

（5）生产场所安装的固定遮栏应牢固，工作人员出入的门等活动部分应加锁。

（6）变电站入口应设置减速线，变电站内适当位置应设置限高、限速标志。设置标志应易于观察。

（7）变电站内地面应标注设备巡视路线和通道边缘警戒线。

（8）安全设施设置后，不应构成对人身伤害、设备安全的潜在风险或妨碍正常工作。

第一节 安 全 标 志

安全标志是指用以表达特定安全信息的标志，由图形符号、安全色、几何形状（边框）和文字构成。

一、一般规定

（1）变电站设置的安全标志包括禁止标志、警告标志、指令标志、提示标志四种基本类型和消防安全标志、道路交通标志等特定类型。

（2）安全标志一般使用相应的通用图形标志和文字辅助标志的组合标志。

（3）安全标志一般采用标志牌的形式，宜使用衬边，以使安全标志与周围环境之间形成较为强烈的对比。

（4）安全标志所用的颜色、图形符号、几何形状、文字，标志牌的材质、表面质量、衬边及型号选用、设置高度、使用要求应符合 GB 2894《安全标志及其使用导则》的规定。

（5）安全标志牌应设在与安全有关场所的醒目位置，便于进入变电站的人们看到，并有足够的时间来注意它所表达的内容。环境信息标志宜设在有关场所的入口处和醒目处；局部环境信息应设在所涉及的相应危险地点或设备（部件）的醒目处。

（6）安全标志牌不宜设在可移动的物体上，以免标志牌随母体物体相应移动，影响认读。标志牌前不得放置妨碍认读的障碍物。

（7）多个标志在一起设置时，应按照警告、禁止、指令、提示类型的顺序，先左后右、先上后下地排列，且应避免出现相互矛盾、重复的现象。也可以根据实际，使用多重标志。

（8）安全标志牌的固定方式分附着式、悬挂式和柱式。附着式和悬挂式的固定应稳固不倾斜，柱式的标志牌和支架应连接牢固。临时标志牌应采取防止脱落、移位措施。

（9）安全标志牌应设置在明亮的环境中。

（10）安全标志牌设置的高度尽量与人眼的视线高度相一致，悬挂式和柱式的环境信息标志牌的下缘距地面的高度不宜小于 2m，局部信息标志的设置高度应视具体情况确定。

（11）安全标志牌应定期检查，如发现破损、变形、褪色等不符合要求情况时，应及时修整或更换。修整或更换时，应有临时的标志替换，以避免发生意外伤害。

（12）变电站入口，应根据站内通道、设备、电压等级等具体情况，在醒目位置按配置规范设置相应的安全标志牌。如“当心触电”“未经许可 不得入内”“禁止吸烟”“必须戴安全帽”等，并应设立限速的标识（装置）。

（13）设备区入口，应根据通道、设备、电压等级等具体情况，在醒目位置按配置规范设置相应的安全标志牌。如“当心触电”“未经许可 不得入内”“禁止吸烟”“必须戴安全帽”及安全距离等，并应设立限速、限高的标识（装置）。

（14）各设备间入口，应根据内部设备、电压等级等具体情况，在醒目位置按配置规范设置相应的安全标志牌。如主控制室、继电器室、通信室、自动装置室应配置“未经许可 不得入内”“禁止烟火”；继电器室、自动装置室应配置“禁止使用无线通信”；高压配电装置室应配置“未经许可 不得入内”“禁止烟火”；GIS 组合电器室、SF_6 设备室、电缆夹层应配置“禁止烟火”“注意通风”“必须戴安全帽”等。

二、禁止标志及设置规范

禁止标志是指禁止或制止人们不安全行为的图形标志。常用禁止标志名称、图形标志示例及设置规范见表 5－1。

表 5－1　　常用禁止标志名称、图形标志示例及设置规范

序号	名称	图形标志示例	设置范围和地点
1	禁止烟火		主控制室、继电器室、蓄电池室、通信室、自动装置室、变压器室、配电装置室、检修、试验工作场所、电缆夹层、隧道入口、危险品存放点等处
2	禁止用水灭火		变压器室、配电装置室、继电器室、通信室、自动装置室等处（有隔离油源设施的室内油浸设备除外）

续表

序号	名称	图形标志示例	设置范围和地点
3	禁止跨越		不允许跨越的深坑（沟）等危险场所、安全遮栏等处
4	禁止攀登		不允许攀爬的危险地点，如有坍塌危险的建筑物、构筑物等处
5	未经许可　不得入内		易造成事故或对人员有伤害的场所的入口处，如高压设备室入口、消防泵室、雨淋阀室等处
6	禁止堆放		消防器材存放处、消防通道、逃生通道及变电站主通道、安全通道等处
7	禁止使用无线通信		继电器室、自动装置室等处
8	禁止合闸　有人工作		一经合闸即可送电到施工设备的断路器（开关）和隔离开关（刀闸）操作把手上等处
9	禁止合闸　线路有人工作		线路断路器（开关）和隔离开关（刀闸）把手上

续表

序号	名称	图形标志示例	设置范围和地点
10	禁止分闸		接地刀闸与检修设备之间的断路器（开关）操作把手上
11	禁止攀登　高压危险		高压配电装置构架的爬梯上，变压器、电抗器等设备的爬梯上

三、警告标志及设置规范

警告标志是指提醒人们对周围环境引起注意，以避免可能发生危险的图形标志。常用警告标志名称、图形标志示例及设置规范见表 5－2。

表 5－2　　常用警告标志名称、图形标志示例及设置规范

序号	名称	图形标志示例	设置范围和地点
1	注意安全		易造成人员伤害的场所及设备等处
2	注意通风		SF_6 装置室、蓄电池室、电缆夹层、电缆隧道入口等处
3	当心火灾		易发生火灾的危险场所，如电气检修试验、焊接及有易燃易爆物质的场所

续表

序号	名称	图形标志示例	设置范围和地点
4	当心爆炸		易发生爆炸危险的场所，如易燃易爆物质的使用或受压容器等地点
5	当心中毒		装有 SF_6 断路器、GIS 组合电器的配电装置室入口，生产、储运、使用剧毒品及有毒物质的场所
6	当心触电		设置在有可能发生触电危险的电气设备和线路，如配电装置室、开关等处
7	当心电缆		暴露的电缆或地面下有电缆处施工的地点
8	当心腐蚀		蓄电池室内墙壁等处
9	止步　高压危险		带电设备固定遮栏上，室外带电设备构架上，高压试验地点安全围栏上，因高压危险禁止通行的过道上，工作地点临近室外带电设备的安全围栏上，工作地点临近带电设备的横梁上等处

四、指令标志及设置规范

指令标志是指强制人们必须做出某种动作或采用防范措施的图形标志。常用指令标志名称、图形标志示例及设置规范见表 5－3。

表 5－3 常用指令标志名称、图形标志示例及设置规范

序号	名称	图形标志示例	设置范围和地点
1	必须戴防毒面具		具有对人体有害的气体、气溶胶、烟尘等作业场所，如有毒物散发的地点或处理有毒物造成的事故现场等处
2	必须戴安全帽		生产现场（办公室、主控制室、值班室和检修班组室除外）佩戴
3	必须戴防护手套		易伤害手部的作业场所，如具有腐蚀、污染、灼烫、冰冻及触电危险的作业等处
4	必须穿防护鞋		易伤害脚部的作业场所，如具有腐蚀、灼烫、触电、砸（刺）伤等危险的作业地点

五、提示标志及设置规范

提示标志是指向人们提供某种信息（如标明安全设施或场所等）的图形标志。常用提示标志名称、图形标志示例及设置规范见表 5－4。

表 5－4 常用提示标志名称、图形标志示例及设置规范

序号	名称	图形标志示例	设置范围和地点
1	在此工作		工作地点或检修设备上
2	从此上下		工作人员可以上下的铁（构）架、爬梯上

续表

序号	名称	图形标志示例	设置范围和地点
3	从此进出		工作地点遮栏的出入口处
4	紧急洗眼水		悬挂在从事酸、碱工作的蓄电池室、化验室等洗眼水喷头旁
5	安全距离		根据不同电压等级标示出人体与带电体的最小安全距离。设置在设备区入口处

六、消防安全标志及设置规范

消防安全标志是指用以表达与消防有关的安全信息，由安全色、边框、以图像为主要特征的图形符号或文字构成的标志。

在变电站的主控制室、继电器室、通信室、自动装置室、变压器室、配电装置室、电缆隧道等重点防火部位入口处以及储存易燃易爆物品仓库门口处应合理配置灭火器等消防器材，在火灾易发生部位设置火灾探测和自动报警装置。各生产场所应有逃生路线的标示，楼梯主要通道门上方或左（右）侧装设紧急撤离提示标志。

常用消防安全标志名称、图形标志示例及设置规范见表 5–5。

表 5–5　　常用消防安全标志名称、图形标志示例及设置规范

序号	名称	图形标志示例	设置范围和地点
1	消防手动启动器		依据现场环境，设置在适宜、醒目的位置
2	火警电话		依据现场环境，设置在适宜、醒目的位置

续表

序号	名称	图形标志示例	设置范围和地点
3	消火栓箱	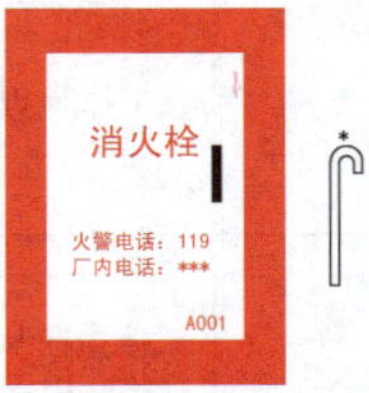	设置在生产场所构筑物内的消火栓处
4	地上消火栓		固定在距离消火栓 1m 的范围内，不得影响消火栓的使用
5	地下消火栓		固定在距离消火栓 1m 的范围内，不得影响消火栓的使用
6	灭火器		悬挂在灭火器、灭火器箱的上方或存放灭火器、灭火器箱的通道上。泡沫灭火器器身上应标注“不适用于电火”字样
7	消防水带		指示消防水带、软管卷盘或消防栓箱的位置
8	灭火设备或报警装置的方向		指示灭火设备或报警装置的方向
9	疏散通道方向		指示到紧急出口的方向。用于电缆隧道指向最近出口处

续表

序号	名称	图形标志示例	设置范围和地点
10	紧急出口		便于安全疏散的紧急出口处，与方向箭头结合设在通向紧急出口的通道、楼梯口等处
11	消防水池	1号消防水池	装设在消防水池附近醒目位置，并应编号
12	消防沙池（箱）	1号消防沙池	装设在消防沙池（箱）附近醒目位置，并应编号
13	防火墙	1号防火墙	在变电站的电缆沟（槽）进入主控制室、继电器室处和分接处、电缆沟每间隔约 60m 处应设防火墙，将盖板涂成红色，标明“防火墙”字样，并应编号

七、道路交通标志及设置规范

道路交通标志是用以管制及引导交通的一种安全管理设施，是用文字和符号传递引导、限制、警告或指示信息的道路设施，包括限制高度标志和限制速度标志。

限制高度标志表示禁止装载高度超过标志所示数值的车辆通行。限制速度标志表示该标志至前方解除限制速度标志的路段内，机动车行驶速度（单位为km/h）不准超过标志所示数值。

变电站道路交通标志名称、图形标志示例及设置规范见表 5－6。

表 5－6　　　　道路交通标志名称、图形标志示例及设置规范

序号	名称	图形标志示例	设置范围和地点
1	限制高度标志		变电站入口处、不同电压等级设备区入口处等最大容许高度受限制的地方

续表

序号	名称	图形标志示例	设置范围和地点
2	限制速度标志		变电站入口处、变电站主干道及转角处等需要限制车辆速度的路段的起点

第二节　设　备　标　志

设备标志是指用以标明设备名称、编号等特定信息的标志，由文字和（或）图形构成。设备标志由设备名称和设备编号组成。设备标志应定义清晰，具有唯一性。功能、用途完全相同的设备，其设备名称应统一。

设备标志的一般规定：

（1）设备标志牌应配置在设备本体或附件的醒目位置。

（2）两台及以上集中排列安装的电气盘应在每台盘上分别配置各自的设备标志牌。两台及以上集中排列安装的前后开门电气盘前、后均应配置设备标志牌，且同一盘柜前、后设备标志牌一致。

（3）GIS 设备的隔离开关和接地开关标志牌根据现场实际情况装设，母线的标志牌按照实际相序位置排列，安装于母线筒端部；隔室标志安装于靠近本隔室取气阀门旁醒目位置，各隔室之间通气隔板周围涂红色，非通气隔板周围涂绿色，宽度根据现场实际确定。

（4）电缆两端应悬挂标明电缆编号名称、起点、终点、型号的标志牌，电力电缆还应标注电压等级、长度。

（5）各设备间及其他功能室入口处醒目位置均应配置房间标志牌，标明其功能及编号，室内醒目位置应设置逃生路线图、定置图（表）。

（6）电气设备标志文字内容应与调度机构下达的编号相符，其他电气设备的标志内容可参照调度编号及设计名称。一次设备为分相设备时应逐相标注，直流设备应逐极标注。

设备标志名称、图形标志示例及设置规范见表 5－7。

表 5-7　　设备标志名称、图形标志示例及设置规范

序号	名称	图形标志示例	设置范围和地点
1	变压器（电抗器）标志牌	1号主变压器 1号主变压器 A相	（1）安装固定于变压器（电抗器）器身中部，面向主巡视检查路线，并标明名称、编号。 （2）单相变压器每相均应安装标志牌，并标明名称、编号及相别。 （3）线路电抗器每相应安装标志牌，并标明线路电压等级、名称及相别
2	主变压器（线路）穿墙套管标志牌	1号主变压器 10kV穿墙套管 A B C 1号主变压器 110kV穿墙套管 B	（1）安装于主变压器（线路）穿墙套管内、外墙处。 （2）标明主变压器（线路）编号、电压等级、名称；分相布置的还应标明相别
3	滤波器组、电容器组标志牌	3601ACF 交流滤波器	（1）在滤波器组（包括交、直流滤波器，PLC 噪声滤波器、RI 噪声滤波器）、电容器组的围栏门上分别装设，安装于离地面 1.5m 处，面向主巡视检查路线。 （2）标明设备名称、编号
4	阀厅内直流设备标志牌	020FQ 换流阀 A相 02DCCT 电流互感器	（1）在阀厅顶部巡视走道遮栏上固定，正对设备，面向走道，安装于离地面 1.5m 处。 （2）标明设备名称、编号
5	滤波器、电容器组围栏内设备标志牌	C1 电容器 R1 电阻器 L1 电抗器	（1）安装固定于设备本体上醒目处，本体上无位置安装时考虑落地固定，面向围栏正门。 （2）标明设备名称、编号
6	断路器标志牌	500kV ××线 5031 断路器 500kV ××线 5031 断路器 A相	（1）安装固定于断路器操作机构箱上方醒目处。 （2）分相布置的断路器标志牌安装在每相操作机构箱上方醒目处，并标明相别。 （3）标明设备电压等级、名称、编号

续表

序号	名称	图形标志示例	设置范围和地点
7	隔离开关标志牌	500kV ××线 50314 隔离开关 500kV × × 线 50314	（1）手动操作型隔离开关安装于隔离开关操作机构上方100mm处。 （2）电动操作型隔离开关安装于操作机构箱门上醒目处。 （3）标志牌应面向操作人员。 （4）标明设备电压等级、名称、编号
8	电流互感器、电压互感器、避雷器、耦合电容器等标志牌	500kV ××线 电流互感器 A 相 220kV Ⅱ段母线 1 号避雷器 A 相	（1）安装在单支架上的设备，标志牌还应标明相别，安装于离地面1.5m处，面向主巡视检查路线。 （2）三相共支架设备，安装于支架横梁醒目处，面向主巡视检查线路。 （3）落地安装加独立遮栏的设备（如避雷器、电抗器、电容器、所用变压器、专用变压器等），标志牌安装在设备围栏中部，面向主巡视检查线路。 （4）标明设备电压等级、名称、编号及相别
9	换流站特殊辅助设备标志牌	LTT 换流阀 空气冷却器 1号屋顶式 组合空调机组	（1）安装在设备本体上醒目处，面向主巡视检查线路。 （2）标明设备名称、编号
10	控制箱、端子箱标志牌	500kV ××线 5031 断路器端子箱	（1）安装固定于控制箱门，端子箱门。 （2）标明间隔或设备电压等级、名称、编号
11	接地刀闸标志牌	500kV ××线 503147 接地刀闸 A相 500kV × × 线 503147	（1）安装于接地刀闸操作机构上方100mm处。 （2）标志牌应面向操作人员。 （3）标明设备电压等级、名称、编号、相别
12	控制、保护、直流、通信等盘柜标志牌	220kV ××线光纤纵差保护屏	（1）安装于盘柜前后顶部门楣处。 （2）标明设备电压等级、名称、编号
13	室外线路出线间隔标志牌	220kV ××线 A B C	（1）安装于线路出线间隔龙门架下方或相对应围墙墙壁上。 （2）标明电压等级、名称、编号、相别

续表

序号	名称	图形标志示例	设置范围和地点
14	敞开式母线标志牌		（1）室外敞开式布置母线，母线标志牌安装于母线两端头正下方支架上，背向母线。 （2）室内敞开式布置母线，母线标志牌安装于母线端部对应墙壁上。 （3）标明电压等级、名称、编号、相序
15	封闭式母线标志牌	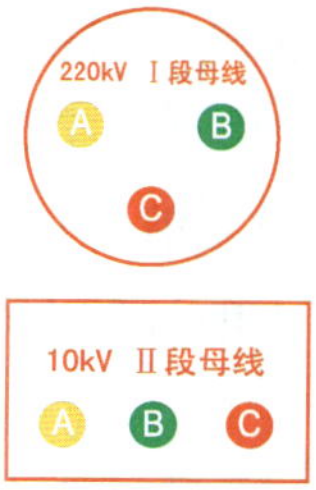	（1）GIS 设备封闭母线，母线标志牌按照实际相序排列位置，安装于母线筒端部。 （2）高压开关柜母线标志牌安装于开关柜端部对应母线位置的柜壁上。 （3）标明电压等级、名称、编号、相序
16	室内出线穿墙套管标志牌		（1）安装于出线穿墙套管内、外墙处。 （2）标明出线线路电压等级、名称、编号、相序
17	熔断器、交（直）流开关标志牌	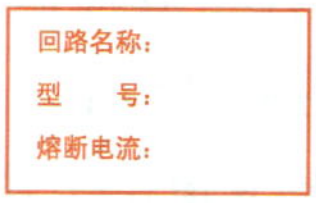	（1）悬挂在二次屏中的熔断器、交（直）流开关处。 （2）标明回路名称、型号、额定电流
18	避雷针标志牌		（1）安装于避雷针距地面 1.5m 处。 （2）标明设备名称、编号
19	明敷接地体	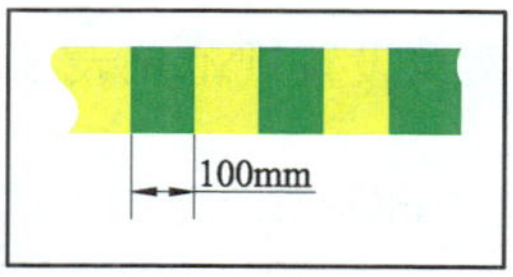	全部设备的接地装置（外露部分）应涂宽度相等的黄绿相间条纹。间距以 100～150mm 为宜
20	地线接地端（临时接地线）		固定于设备压接型地线的接地端
21	低压电源箱标志牌		（1）安装于各类低压电源箱上的醒目位置。 （2）标明设备名称及用途

第三节　安 全 警 示 线

安全警示线是指界定危险区域、防止人身伤害及影响设备（设施）正常运行或使用的标识线。

一般规定：

（1）安全警示线用于界定和分割危险区域，向人们传递某种注意或警告的信息，以避免人身伤害。安全警示线包括禁止阻塞线、减速提示线、安全警戒线、防止踏空线、防止碰头线、防止绊跤线和生产通道边缘警戒线等。

禁止阻塞线的作用是禁止在相应的设备前（上）停放物体，以免意外发生。

减速提示线的作用是提醒在变电站内的驾驶人员减速行驶，以保证变电站设备和人员的安全。

安全警戒线的作用是提醒在变电站内的人员，避免误碰、误触运行中的控制屏（台）、保护屏、配电屏和高压开关柜等。

防止碰头线的作用是提醒人们注意在人行通道上方的障碍物，防止意外发生。

防止绊跤线的作用是提醒工作人员注意地面上的障碍物，防止意外发生。

防止踏空线的作用是提醒工作人员注意通道上的高度落差，避免发生意外。

生产通道边缘警戒线的作用是提醒变电站工作人员和机动车驾驶人员避免误入设备区。

设备区巡视路线的作用是提醒变电站工作人员按标准路线进行巡视检查。

（2）安全警示线一般为黄色或与对比色（黑色）同时使用。

安全警示线名称、图形标志示例及设置规范见表 5-8。

表 5-8　　　安全警示线名称、图形标志示例及设置规范

序号	名称	图形标志示例	设置范围和地点
1	禁止阻塞线		（1）标注在地下设施入口盖板上。 （2）标注在主控制室、继电器室门内外，消防器材存放处，防火重点部位进出通道。 （3）标注在通道旁边的配电柜前（800mm）。 （4）标注在其他禁止阻塞的物体前
2	减速提示线		标注在变电站站内道路的弯道、交叉路口和变电站进站入口等限速区域的入口处

续表

序号	名称	图形标志示例	设置范围和地点
3	安全警戒线		（1）设置在控制屏（台）、保护屏、配电屏和高压开关柜等设备周围。 （2）安全警戒线至屏面的距离宜为 300～800mm，可根据实际情况进行调整
4	防止碰头线	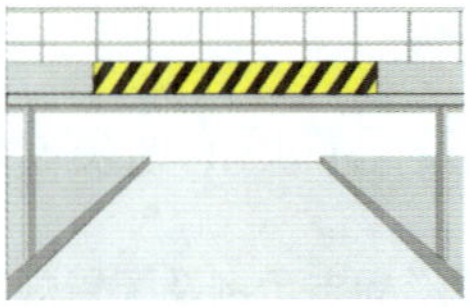	标注在人行通道高度小于 1.8m 的障碍物上
5	防止绊跤线		（1）标注在人行横道地面上高差 300mm 以上的管线或其他障碍物上。 （2）采用 45° 间隔斜线（黄/黑）排列进行标注
6	防止踏空线	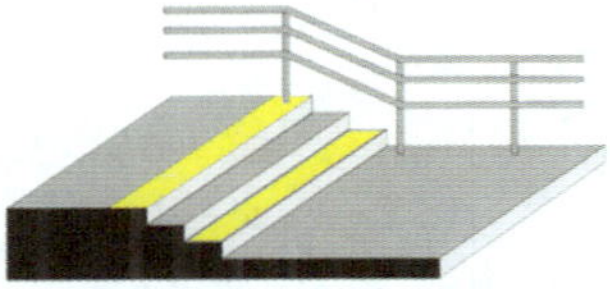	（1）标注在上下楼梯第一级台阶上。 （2）标注在人行通道高差 300mm 以上的边缘处
7	生产通道边缘警戒线		（1）标注在生产通道两侧。 （2）为保证夜间可见性，宜采用道路反光漆或强力荧光油漆进行涂刷
8	设备区巡视路线		标注在变电站室内外设备区道路或电缆沟盖板上

第四节 安全防护设施

安全防护设施是为了防止外因引发的人身伤害、设备损坏而配置的防护装置和用具。

一般规定：

（1）安全防护设施用于防止外因引发的人身伤害，包括安全帽、安全工器具柜、安全工器具试验合格证标志牌、固定防护遮栏、区域隔离遮栏、临时遮栏（围栏）、红布幔、孔洞盖板、爬梯遮栏门、防小动物挡板、防误闭锁解锁钥匙箱等设施和用具。

（2）工作人员进入生产现场，应根据作业环境中所存在的危险因素，穿戴或使用必要的防护用品。

安全防护设施名称、图形标志示例及配置规范见表5－9。

表5－9　　安全防护设施名称、图形标志示例及配置规范

序号	名称	图形标志示例	设置范围和地点
1	安全帽	 **安全帽背面**	（1）安全帽用于作业人员头部防护。任何人进入生产现场（办公室、主控制室、值班室和检修班组室除外），应正确佩戴安全帽。 （2）安全帽应符合GB 2811《头部防护安全帽》的规定。 （3）安全帽前面有国家电网公司标志，后面为单位名称及编号，并按编号定置存放。 （4）安全帽实行分色管理。红色安全帽为管理人员使用，黄色安全帽为运行人员使用，蓝色安全帽为检修（施工、试验等）人员使用，白色安全帽为外来参观人员使用

续表

序号	名称	图形标志示例	设置范围和地点
2	安全工器具柜（室）	 	（1）变电站应配备足量的专用安全工器具柜。 （2）安全工器具柜应满足国家、行业标准及产品说明书关于保管和存放的要求。 （3）安全工器具柜（室）宜具有温度、湿度监控功能，满足温度为 –15～35℃、相对湿度为 80% 以下，保持干燥通风的基本要求
3	安全工器具试验合格证标志牌	**安全工器具试验合格证** 名称______编号 试验日期____年___月___日 下次试验日期___年___月___日	（1）安全工器具试验合格证标志牌贴在经试验合格的安全工器具醒目处。 （2）安全工器具试验合格证标志牌可采用粘贴力强的不干胶制作，规格为 60mm × 40mm
4	接地线标志牌及接地线存放地点标志牌	01 号接地线 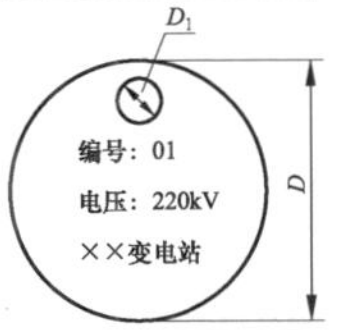 	（1）接地线标志牌固定在接地线接地端线夹上。 （2）接地线标志牌应采用不锈钢板或其他金属材料制成，厚度为 1.0mm。 （3）接地线标志牌尺寸为 D=30～50mm，D_1=2.0～3.0mm。 （4）接地线存放地点标志牌应固定在接地线存放醒目位置
5	固定防护遮栏	 	（1）固定防护遮栏适用于落地安装的高压设备周围及生产现场平台、人行通道、升降口、大小坑洞、楼梯等有坠落危险的场所。 （2）用于设备周围的遮栏高度不低于 1700mm，设置供工作人员出入的门并上锁；防坠落遮栏高度不低于 1050mm，并装设不低于 100mm 的护板。 （3）固定遮栏上应悬挂安全标志，位置根据实际情况而定。 （4）固定遮栏及防护栏杆、斜梯应符合规定，其强度和间隙满足防护要求。 （5）检修期间需将栏杆拆除时，应装设临时遮栏，并在检修工作结束后将栏杆立即恢复

续表

序号	名称	图形标志示例	设置范围和地点
6	区域隔离遮栏	 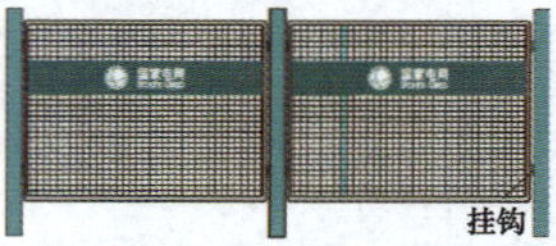 	（1）区域隔离遮栏适用于设备区与生活区的隔离、设备区间的隔离、改（扩）建施工现场与运行区域的隔离，也可装设在人员活动密集场所周围。 （2）区域隔离遮栏应采用不锈钢或塑钢等材料制作，高度不低于1050mm，其强度和间隙满足防护要求
7	临时遮栏（围栏）	 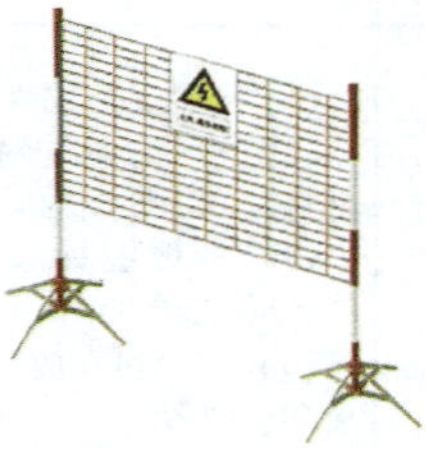 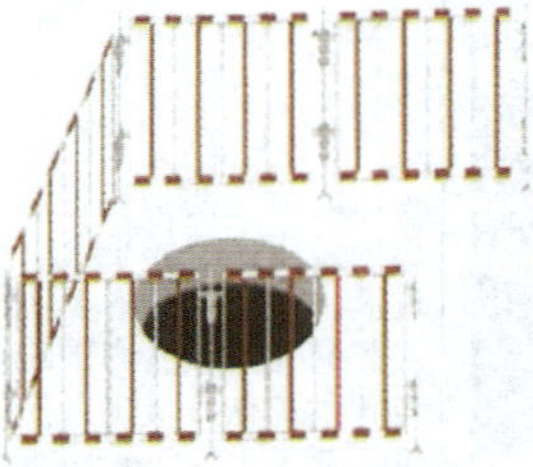	（1）临时遮栏（围栏）适用于下列场所： 1）有可能高处落物的场所； 2）检修、试验工作现场与运行设备的隔离； 3）检修、试验工作现场规范工作人员活动范围； 4）检修现场安全通道； 5）检修现场临时起吊场地； 6）防止其他人员靠近的高压试验场所； 7）安全通道或沿平台等边缘部位，因检修拆除常设栏杆的场所； 8）事故现场保护； 9）需临时打开的平台、地沟、孔洞盖板周围等； 10）直流换流站单极停电工作，应在双极公共区域设备与停电区域之间设置围栏。 （2）临时遮栏（围栏）应采用满足安全、防护要求的材料制作。有绝缘要求的临时遮栏应采用干燥木材、橡胶或其他坚韧绝缘材料制成。 （3）临时遮栏（围栏）高度为1050～1200mm，防坠落遮栏应在下部装设不低于180mm高的挡脚板。 （4）临时遮栏（围栏）强度和间隙应满足防护要求，装设应牢固可靠。 （5）临时遮栏（围栏）应悬挂安全标志，位置根据实际情况而定
8	红布幔		（1）红布幔适用于变电站二次系统上进行工作时，将检修设备与运行设备前后以明显的标志隔开。 （2）红布幔尺寸一般为2400mm×800mm、1200mm×800mm、650mm×120mm，也可根据现场实际情况制作。 （3）红布幔上印有“运行设备”字样，白色黑体字，布幔上下或左右两端设有绝缘隔离的磁铁或挂钩

续表

序号	名称	图形标志示例	设置范围和地点
9	孔洞盖板	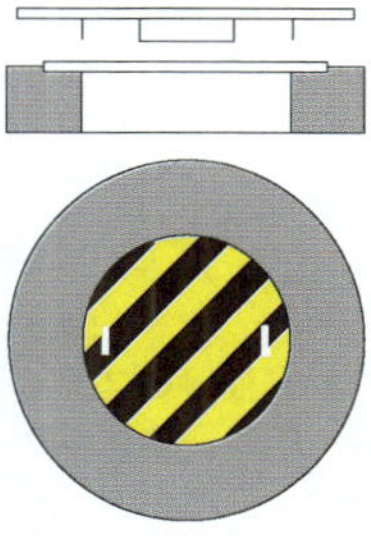 覆盖式 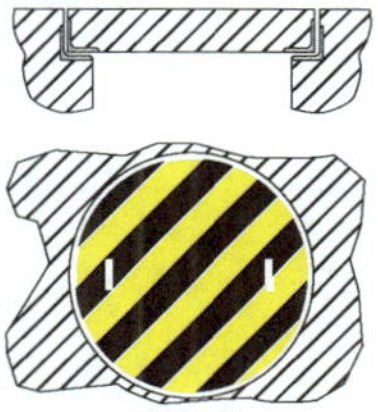 镶嵌式	（1）适用于生产现场需打开的孔洞。 （2）孔洞盖板均应为防滑板，且应覆以与地面齐平的坚固的有限位的盖板。盖板边缘应大于孔洞边缘 100mm，限位块与孔洞边缘距离不得大于 25～30mm，网络板孔眼不应大于 50mm×50mm。 （3）在检修工作中如需将盖板取下，应设临时围栏。临时打开的孔洞，施工结束后应立即恢复原状；夜间不能恢复的，应加装警示红灯。 （4）孔洞盖板可制成与现场孔洞互相配合的矩形、正方形、圆形等形状，选用镶嵌式、覆盖式，并在其表面涂刷 45黄黑相间的等宽条纹，宽度宜为 50～100mm。 （5）盖板拉手可做成活动式，便于钩起
10	爬梯遮栏门		（1）应在禁止攀登的设备、构架爬梯上安装爬梯遮栏门，并予编号。 （2）爬梯遮栏门为整体不锈钢或铝合金板门。其高度应大于工作人员的跨步长度，宜设置为 800mm 左右，宽度应与爬梯保持一致。 （3）在爬梯遮栏门正门应装设“禁止攀登 高压危险”的标志牌
11	防小动物挡板		（1）在各配电装置室、电缆室、通信室、蓄电池室、主控制室和继电器室等出入口处，应装设防小动物挡板，以防止小动物短路故障引发的电气事故。 （2）防小动物挡板宜采用不锈钢、铝合金等不易生锈、变形的材料制作，高度应不低于 400mm，其上部应设有 45°黑黄相间色斜条防止绊跤线标志，标志线宽宜为 50～100mm

续表

序号	名称	图形标志示例	设置范围和地点
12	防误闭锁解锁钥匙箱	 	（1）防误闭锁解锁钥匙箱存放解锁钥匙并加封，根据规定执行手续后使用。 （2）防误闭锁解锁钥匙箱为木质或其他材料制作，前面部为玻璃面，在紧急情况下可将玻璃破碎，取出解锁钥匙使用。 （3）防误闭锁解锁钥匙箱存放在变电站主控制室
13	防毒面具和正压式消防空气呼吸器	 过滤式防毒面具  正压式消防空气呼吸器	（1）变电站应按规定配备防毒面具和正压式消防空气呼吸器。 （2）过滤式防毒面具是在有氧环境中使用的呼吸器。 （3）过滤式防毒面具应符合 GB 2890《呼吸防护　自吸过滤式防毒面具》的规定。使用时，空气中氧气浓度不低于 18%，温度为 -30～45℃，且不能用于槽、罐等密闭容器环境。 （4）过滤式防毒面具的过滤剂有一定的使用时间，一般为 30～100min。过滤剂失去过滤作用（面具内有特殊气味）时，应及时更换。 （5）过滤式防毒面具应存放在干燥、通风，无酸、碱、溶剂等物质的库房内，严禁重压。防毒面具的滤毒罐（盒）的储存期为 5 年（3 年），过期产品应经检验合格后方可使用。 （6）正压式消防空气呼吸器是用于无氧环境中的呼吸器。 （7）正压式消防空气呼吸器应符合 GA 124《正压式消防空气呼吸器》的规定。 （8）正压式消防空气呼吸器在储存时应装入包装箱内，避免长时间曝晒，不能与油、酸、碱或其他有害物质共同储存，严禁重压

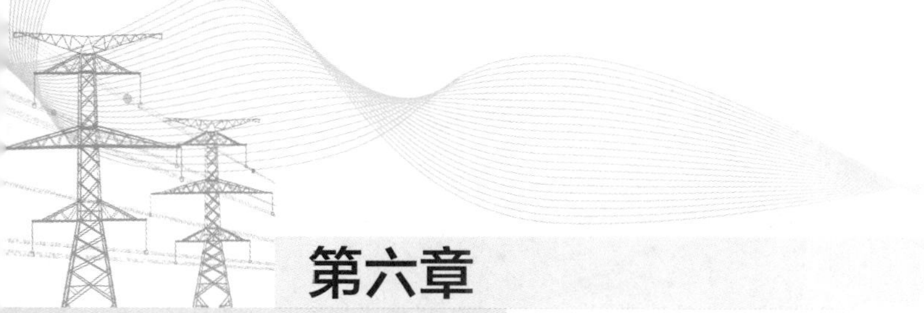

第六章

典型违章举例与事故案例分析

第一节　典 型 违 章 举 例

违章是指在生产经营活动过程中，违反国家和行业安全生产法律法规、规程标准，违反国家电网公司安全生产规章制度、反事故措施、安全管理要求等，可能对人身、电网、设备和网络信息安全等构成危害并容易诱发事故（事件）的管理的不安全作为、人的不安全行为、物的不安全状态和环境的不安全因素。

违章按照定义分为管理性违章、行为性违章和装置性违章三类。

管理性违章是指各级领导、管理人员不履行岗位安全职责，不落实安全管理要求，不健全安全规章制度，不开展安全教育培训，不执行安全规章制度等的各种不安全作为。

行为性违章是指现场作业人员在电力建设、运维检修和营销服务等生产经营活动过程中，违反保证安全的规程、规定、制度和反事故措施等的不安全行为。

装置性违章是指生产设备、设施、环境和作业使用的工器具及安全防护用品不满足规程、规定、标准、反事故措施等要求，不能可靠保证安全的状态和因素。

按照违章性质、情节及可能造成的后果，分为严重违章和一般违章。

严重违章主要指易造成领导失察、责任悬空、风险失控以及酿成安全事故的管理、行为及装置类等违章，并按照严重程度由高至低分为：

（1）Ⅰ类严重违章，主要包括违反新《安全生产法》《刑法》、“十不干”等要求的违章；

（2）Ⅱ类严重违章，主要包括公司系统近年安全事故（事件）暴露出的违章；

（3）Ⅲ类严重违章，主要包括安全风险高、易造成安全事故（事件）的违章。

结合安全工作实际每年对严重违章清单实施动态调整发布。

一般违章是指达不到严重违章标准且违反安全工作规程规定的其他违章情形。

一、Ⅰ类严重违章

1. 管理性违章

（1）无日计划作业，或实际作业内容与日计划不符。

（2）存在重大事故隐患而不排除，冒险组织作业。存在重大事故隐患被要求停止施工、停止使用有关设备、设施、场所或者立即采取排除危险的整改措施，而未执行的。

（3）使用达到报废标准的或超出检验期的安全工器具。

（4）工作负责人（作业负责人、专责监护人）不在现场，或劳务分包人员担任工作负责人（作业负责人）。

2. 行为性违章

（1）未经工作许可，即开始工作。

（2）无票（包括作业票、工作票及分票、操作票、动火票等）工作、无令操作。

（3）作业人员不清楚工作任务、危险点。

（4）超出作业范围未经审批。

（5）高处作业、攀登或转移作业位置时失去保护。

（6）有限空间作业未执行“先通风、再检测、后作业”要求，未正确设置监护人；未配置或不正确使用安全防护设备、应急救援装备。

二、Ⅱ类严重违章

1. 管理性违章

（1）未及时传达学习国家、国家电网公司安全工作部署，未及时开展国家电网公司系统安全事故（事件）通报学习、安全日活动等。

（2）安全生产巡查通报的问题未组织整改或整改不到位的。

（3）针对国家电网公司通报的安全事故事件、要求开展的隐患排查，未举一反三组织排查；未建立隐患排查标准，分层分级组织排查的。

（4）未按照要求开展电网风险评估，及时发布电网风险预警、落实有效的风险管控措施。

（5）两个及以上专业、单位参与的改造、扩建、检修等综合性作业，未成立由上级单位领导任组长，相关部门、单位参加的现场作业风险管控协调组；现场作业风险管控协调组未常驻现场督导和协调风险管控工作。

（6）特高压换流站工程启动调试阶段，建设、施工、运维等单位责任界面不清晰，设备主人不明确，预试、交接、验收等环节工作未履行。

（7）约时停、送电；带电作业约时停用或恢复重合闸。

（8）未按要求开展网络安全等级保护定级、备案和测评工作。

2. 行为性违章

（1）擅自开启高压开关柜门、检修小窗，擅自移动绝缘挡板。

（2）在带电设备周围使用钢卷尺、金属梯等禁止使用的工器具。

（3）在继保屏上作业时，运行设备与检修设备无明显标志隔开，或在保护盘上或附近进行振动较大的工作时，未采取防掉闸的安全措施。

（4）防误闭锁装置功能不完善，未按要求投入运行。

（5）继电保护、直流控保、稳控装置等定值计算、调试错误，误动、误碰、误（漏）接线。

（6）随意解除闭锁装置，或擅自使用解锁工具（钥匙）。

三、Ⅲ类严重违章

1. 管理性违章

（1）劳务分包单位自备施工机械设备或安全工器具。

（2）施工方案由劳务分包单位编制。

（3）监理单位、监理项目部、监理人员不履责。

（4）监理人员未经安全准入考试并合格；监理项目部关键岗位（总监、总监代表、安全监理、专业监理等）人员不具备相应资格；总监理工程师兼任工程数量超出规定允许数量。

（5）应拉断路器（开关）、应拉隔离开关（刀闸）、应拉熔断器、应合接地刀闸、作业现场装设的工作接地线未在工作票上准确登录；工作接地线未按票面要求准确登录安装位置、编号、挂拆时间等信息。

（6）将高风险作业定级为低风险。

（7）现场规程没有每年进行一次复查、修订并书面通知有关人员；不需修订的情况下，未由复查人、审核人、批准人签署“可以继续执行”的书面文件并通知有关人员。

（8）现场作业人员未经安全准入考试并合格；新进、转岗和离岗3个月以上电气作业人员，未经专门安全教育培训，且未经考试合格即上岗。

（9）不具备“三种人”资格的人员担任工作票签发人、工作负责人或许可人。

（10）特种设备作业人员、特种作业人员、危险化学品从业人员未依法取得资格证书。

（11）特种设备未依法取得使用登记证书、未经定期检验或检验不合格。

（12）自制施工工器具未经检测试验合格。

（13）设备无双重名称，或名称及编号不唯一、不正确、不清晰。

（14）电化学储能电站电池管理系统、消防灭火系统、可燃气体报警装置、通风装置未达到设计要求或故障失效。

（15）网络边界未按要求部署安全防护设备并定期进行特征库升级。

（16）安全第一责任人不按规定主管安全监督机构。

（17）安全第一责任人不按规定主持召开安全生产委员会会议和安全生产月度例会。

（18）未制定和落实各级人员安全生产岗位职责。

（19）未按规定设置安全监督机构和配置安全员。

（20）未按规定落实安全生产措施、计划、资金。

（21）对违章不制止，未按规定落实对违章人员的处罚，对违章或问题未整改闭环。

（22）违规干预值班调度、运检人员操作。

（23）对事故未按照“四不放过”原则进行调查处理。

（24）承发包工程未依法签订合同及安全协议，未明确双方应承担的安全责任。

（25）无人值守变电站火灾报警信号未接入调控中心。

（26）管理人员对仓库易燃、易爆物品等危险品放置规定不清楚，对危化品处置不当。

（27）三级及以上高风险、复杂的作业项目，无安全施工方案。

（28）三级及以上作业风险未编制、发布作业安全风险预警管控单。

2. 行为性违章

（1）票面（包括作业票、工作票及分票、动火票等）缺少工作负责人、工作班成员签字等关键内容。

（2）重要工序、关键环节作业未按施工方案或规定程序开展作业，作业人员未经批准擅自改变已设置的安全措施。

（3）作业人员擅自穿、跨越安全围栏、安全警戒线。

（4）在易燃易爆或禁火区域携带火种、使用明火、吸烟；未采取防火等安全措施在易燃物品上方进行焊接，下方无监护人。

（5）在互感器二次回路上工作，未采取防止电流互感器二次回路开路，电压互感器二次回路短路的措施。

（6）未按规定开展现场勘察或未留存勘察记录；工作票（作业票）签发人和工作负责人均未参加现场勘察。

（7）对“超过一定规模的危险性较大的分部分项工程”（含大修、技改等项目），未组织编制专项施工方案（含安全技术措施），未按规定论证、审核、审批、交底及现场监督实施。

（8）三级及以上风险作业管理人员（含监理人员）未到岗到位进行管控。

（9）电力监控系统作业过程中，未经授权，接入非专用调试设备，或调试计算机接入外网。

（10）生产和施工场所未按规定配备消防器材或配备不合格的消防器材。

（11）作业现场违规存放民用爆炸物品。

（12）脚手架、跨越架未经验收合格即投入使用。

（13）酒后开车、酒后从事电气检修施工作业或其他特种作业。

（14）发生违章被指出后仍不改正。

（15）巡视或检修作业，工作人员或机具与带电体不能保持规定的安全距离。

（16）在带电设备附近使用金属梯子、金属脚手架等进行作业；在户外变电站和高压室内不按规定使用和搬运梯子、管子等长物。

（17）人在梯子上工作时移动梯子。

（18）擅自将车辆交给无准驾证人员驾驶，使用失效的准驾证驾驶单位车辆。

（19）工作负责人变动未履行变更手续，未告知全体工作班成员及工作许可人。

（20）二次回路上作业不带图纸。

（21）继电保护进行开关传动试验未通知运维人员、现场检修人员。

3. 装置性违章

（1）待用间隔未纳入调度管辖范围。

（2）变电站列入红线管理的设备未张贴警示牌。

（3）设备一次安装接线与技术协议和设计图纸不一致。

（4）能产生有毒有害气体（含六氟化硫等）的配电装置室、开关室等户内场所无通风装置或检漏装置。

（5）运行站（所）的消防水池、污水井、事故油池、电缆沟等无盖板且无安全防护措施。

（6）高低压线路（设备）对地、对建筑物等安全距离不足。

（7）铁塔、钢管塔无接地引下线或无接地体。

（8）变电站设备、平行或同杆架设多回路线路无色标。

（9）隧道及竖井中的电缆未采取防火隔离、分段阻燃措施。

（10）使用的安全防护用品、用具无生产厂家、许可证编号、生产日期及国家鉴定合格证书。

（11）现场使用的各种与人体直接接触的低压电器无漏电保安器或保安器失效。

四、一般违章

1. 管理性违章

（1）不落实电网运行方式安排和调度计划。

（2）设计、采购、施工、验收未执行有关规定，造成设备装置性缺陷。

（3）设备应检修而未按期检修、缺陷消除超过规定时限、设备缺陷管理流程未闭环。

（4）设备变更后相应的规程、制度、运行规程、应急处置方案等资料未及时更新。

（5）未按规定配置现场安全防护装置、安全工器具和个人防护用品。

（6）未按规定严格审核现场运行主接线图，不与现场设备一次接线认真核实。

（7）对排查出的事故隐患未制定整改计划或未落实整改治理措施。

（8）未按规定建立月、周、日安全生产例会制度，未及时召开月、周、日安全生产例会。

（9）“两措”计划未按要求及时完成。

2. 行为性违章

（1）工作负责人未对进入现场的厂家人员或外来人员进行安全教育，未填写安全教育卡并签名确认。

（2）现场小组工作负责人未佩戴小组工作负责人袖标、工作负责人未佩戴袖标或穿红马甲，工作负责人、许可人未随身携带工作票。

（3）高处作业人员携带除个人工器具和传递绳以外的材料、工器具上杆塔，随手上下抛掷器具、材料。

（4）工具或材料浮搁在高处。

（5）低压电气工作时，拆开的引线、断开的线头未采取绝缘包裹等遮蔽措施，未采取绝缘隔离防止相间短路和单相接地措施。

（6）接地线与检修部分之间连有保险器或未做好防止分闸安全措施的断路器。

（7）作业结束未做到工完料尽场地清，或未及时封堵孔洞、盖好沟道盖板。

（8）工程车辆客货混装行驶，或超员超载行驶，或驾驶车辆时存在妨碍安全驾驶行为。

（9）工作前未进行“三交三查”。

（10）现场作业工作票、小组任务单未使用一式二份（多份），未使用小组任务单。

（11）工作票填写不规范，出现以下情况：

1）计划工作时间与所批准的停役时间不符。

2）工作票中设备名称、编号与一次接线图及现场实际不符。

3）工作票上工作班成员或人数与实际不符。

4）工作票上的工作任务不清或与实际工作不一致，票面涂改严重，漏填或错填内容。

5）工作票、操作票、作业卡不按规定签名。

6）工作负责人对临时加入的工作人员未交代安全注意事项和安全措施及工作任务，且未做好有关记录。

7）工作延期未办理工作票（施工作业票）延期手续或工作结束未及时办理工作票终结手续。

（12）专责监护人不认真履行监护职责，从事与监护无关的工作，或专责监护人多点同时监护。

（13）每日收工和次日开工前，未履行工作间断手续。

（14）在带电的电流互感器二次回路上工作时，发生下列违章现象：

1）采用导线缠绕的方法短路二次绕组。

2）在电流互感器与短路端子之间的回路和导线上进行工作。

（15）试验工作结束后，未认真按“二次工作安全措施票”逐项恢复同运行设备有关的接线，拆除临时接线，没有认真检查装置内是否有异物，屏面信号及各种装置状态是否正常，各相关连接片及切换开关位置是否恢复至工作许可时的状态。

（16）电缆展放敷设过程中，未在电缆盘处配有可靠的制动装置，转弯处未设专人监护；电缆通过孔洞或楼板时，两侧未设监护人或入口处未采取措施防止电缆被卡。

（17）电缆盘、输送机、电缆转弯处未按规定搭建牢固的放线架或未放置稳妥，展放时未设专人监护。

（18）乱拉乱接低压作业电源。

（19）电线直接钩挂在闸刀或直接插入插座内使用。

（20）现场作业人员未按规定正确着装。

3. 装置性违章

（1）变电站施工现场与运行设备隔离措施不完善。

（2）防小动物措施不满足规定要求。

（3）电气设备无安全警示标志或未根据有关规程设置固定遮（围）栏。

（4）施工机具和仪器仪表未进行定期检测。

（5）安全帽超使用周期、帽壳破损、缺少帽衬（帽箍、顶衬、后箍），缺少下颏带等。

（6）两相三孔插座代替三相插座，临时电源、电源线盘无漏电保护装置。

第二节 事故案例分析

【案例一】试验误接线造成主变差动保护跳闸

1. 事故经过

110kV 变电站（内桥接线）2 号主变压器第一套保护纵联差动保护动作，

跳开 110kV 进线二开关、10kVⅡ乙开关（跳开时高压侧负荷约 70A），故障电流二次值为 A：$0.15I_e$、B：$0.31I_e$、C：$0.47I_e$（差动动作定值 $0.4I_e$）。

事故前系统运行情况为：1 号主变压器及高低压侧开关运行，110kV 母分开关热备用，10kVⅠ、Ⅱ段母分开关热备用；110kV 进线二开关、10kVⅡ乙开关运行，10kVⅡ甲开关冷备用；2 号主变压器第一套保护运行状态，2 号主变压器第二套保护停用状态（2 号主变压器Ⅱ甲开关第二套合并单元停用状态，配合 2 号主变压器Ⅱ甲开关第二套合并单元消缺）。

检修工作人员 A、B 持变电一种票（工作内容：2 号主变压器 10kVⅡ甲开关第二套合并单元消缺）。检修工作许可后，厂家对装置进行备份完毕；检修人员拔下 10kVⅡ甲开关第二套合并单元至 2 号主变压器 10kVⅡ甲测控装置、2 号主变压器第二套保护装置、网分单元、对时光纤。对 2 号主变压器 10kVⅡ甲开关第二套合并单元 DPU 进行了更换，并重新下装了配置。随后对装置进行了重启，并准备对 2 号主变压器 10kVⅡ甲开关第二套合并单元进行合并单元校验。在校验中，需要对 2 号主变压器 10kVⅡ甲开关第二套合并单元的保护电流和测量电流回路进行加模拟量验证。试验接线由工作人员 B 进行，A 进行图纸确认。

由于工作不够严谨仔细，致使模拟量被加至 2 号主变压器 10kVⅡ甲开关第一套合并单元。致使 2 号主变压器第一套保护纵联差动保护动作，跳开 110kV 进线二开关、10kVⅡ乙开关。

2. 违章分析

（1）工作负责人临时变更，安全风险交接不到位。计划工作安排负责人为 B，当天该工作票由 B 开票，为避免签发人、负责人一致，开票时临时将负责人变更为 A。

（2）安全措施不完善。本次工作安全措施遗漏了同屏柜运行设备，其余检修区域部分均按填写的二次安全措施卡进行（2 号主变压器 10kVⅡ甲开关冷备用，对电流回路的安全措施为短接电流互感器侧端子并断开电流回路中间短连片）。

（3）试验接线未确认。试验接线确认应由两人进行，此次工作中事实上只有一人核对了图纸。

（4）在工作前的安全布控环节，负责人和工作班成员没有认真分析具体的安全风险。

3. 防范措施

（1）工作严格按工作计划进行，如需变更及时与工作计划人联系。

（2）工作中安全措施卡必须由班组长及技术员进行审核后方可到现场使用；同屏有运行设备的工作，安全措施在工作前拍照由班组长及技术员再次进行确认把关。

（3）工作中涉及回路接线特别是有同屏柜运行设备的，严格履行相互监护确认制度，杜绝监护流于形式。

（4）细化工作前安全布控环节，要求具体描述工作流程、关键工艺和安全措施细节。

（5）继续强化智能变电站相关技能的培训，提高员工对于智能变电站相关工作风险点辨识的能力。

【案例二】双母双分改造过程中基建和生成分界面管控措施缺失造成运行线路跳闸

1. 事故经过

220kV 变电站 220kV 线路开关跳闸，同时远跳对侧开关。现场工作为 220kV 双母线改造为双母双分段，220kV 线路保护接入新母差保护。

现场检查发现，两侧开关跳闸原因为 220kV 线路第一套保护收到 TJR 跳闸开入，经操作箱直接跳开线路本侧开关，同时向对侧发远跳命令跳开对侧开关。开关跳闸时，现场工作人员在 220kVⅡ段第一套母差保护屏内开展线路保护接入新母差保护的搭接工作，此时正在进行母差保护屏内线路跳闸电缆与线路保护屏内相应电缆的对线工作。作业人员用在母差保护屏端子排外侧短接电缆芯线，另一人员在线路保护屏内核查的方法对线。由于新母差保护屏端子排各间隔没有明显的标识，运行设备与非运行设备不能明显区分，作业人员误短接跳 220kV 线路端子，导致 220kV 线路第一套保护产生 TJR 开入。

2. 违章分析

（1）基建二次设备上安全措施不到位，在继电保护屏上作业时，运行设备与检修设备无明显标志隔开。新母差保护屏接入运行设备后端子排各间隔没有明显的标识，跳 220kV 线路间隔端子未可靠封闭隔离（仅用胶布粘贴未做警示）；特别是对运行设备接入后的关键时间节点没有引起重视，运行设备与非运行设备不能明显区分。

（2）现场施工人员对危险点不熟悉、工作中安全意识淡薄。在220kVⅡ段第一套母差保护屏后的对线过程中，误短接跳220kV线路端子。

（3）二次回路上作业不带图纸。施工人员在对线时没有根据图纸核实实际接线，导致误短接跳220kV线路端子。

3. 防范措施

（1）督促业主单位对现场施工队伍开展安全教育，明确工作中的危险点，做好各个工作点的安全监护工作。工作负责人应在开工前做好工作中工作内容和危险点的交底；新安装保护屏屏后端子排各间隔黏贴临时标签；施工队伍严格执行二次工作安全措施票规定；增设新母差保护屏工作专职监护人。

（2）梳理继电保护高风险作业，督促各单位对现场作业风险进行再评估，对现场安全措施落实情况进行再检查。

（3）编制220kV双母接线改为双母双分接线母差保护典型改造方案，明确改造各阶段基建和生产的分工界面和风险管控措施，防范基建施工引发运行间隔跳闸。

【案例三】安全措施不完善造成母差保护误动

1. 事故经过

现场检修人员在220kV间隔第二套合并单元电流互感器侧用继保测试仪施加交流电流进行装置二次通流试验时，220kV第二套母差保护副母差动动作。

现场工作内容为：“① 配合待用间隔与220kV第二套母差保护二次接口；② 220kV第二套母差保护进行相关工作后重下配置调试、光模块更换；③ 运行间隔第二套保护光模块更换。”

光模块更换工作结束后，现场检修人员在220kV间隔第二套合并单元电流互感器侧用继保测试仪施加交流电流进行装置二次通流试验时，因220kV第二套母差保护采用共网共口技术跳闸光纤回路处于连通状态，母差保护所有间隔的GOOSE跳闸出口软压板处于误投入状态，母差保护装置检修状态硬压板处于退出状态，其他运行间隔智能终端出口硬压板在投入状态，导致220kV第二套母差保护副母差动动作跳开运行间隔。

2. 违章分析

（1）作业风险辨识和控制不到位。对于母线保护采用共网共口技术的特殊智能变电站，风险辨识能力不足，未考虑到跳闸光纤回路无法作为安全措施中明显的断点。

（2）厂家人员监护不到位。厂家人员对该装置底层程序进行升级，程序升级后现场检修人员为验证母差保护与后台通信状态，误投入所有间隔 GOOSE 出口软压板。

（3）作业流程执行不到位。现场检修期间，工作负责人监护不到位，未严格执行安措票的安措执行和恢复流程。

（4）安全意识薄弱。在现场试验时，严重违反《国调中心关于印发智能变电站继电保护和安全自动装置现场检修安全措施指导意见（试行）的通知》（调继 2015（92）号）中“智能变电站虚回路安全隔离应至少采取双重安全措施”的要求。

3. 防范措施

（1）加强二次作业管控。严格落实现场工作负责人监护制度，严格执行安措票的安措执行和恢复流程。

（2）加强安全措施票管理。智能变电站应按设备改扩建、定期校验、典型缺陷处理等常见的检修工作类型建立相应的继电保护及安全自动装置典型安全措施票。典型安全措施票应根据变电站实际情况做到“一站一册”。

（3）加强智能变电站继电保护和安全自动装置改扩建调试管理。近期省调控中心将下发《智能变电站继电保护和安全自动装置检修作业安全措施指导意见（试行）》，指导智能变电站继电保护和安全自动装置以及合并单元、智能终端等附属智能设备改造和扩建工作实施，确保电网安全可靠稳定运行。

【案例四】非电量保护动作信号未复归状态下进行操作造成主变非电量跳闸

1. 事故经过

某变电站 1 号主变压器有载油位异常，现场检查油位降低接近零。检修人员在 1 号主变压器有载重瓦斯保护由跳闸改信号后，对 1 号主变压器有载油位低进行检查及补油工作。注油完成，运行在线滤油机进行排气。排气后，工作负责人从远处检查瓦斯继电器观察窗未发现明显异常。

运维人员会同工作负责人进行现场验收，分接开关油位已正常，后台核对光字时发现“1 号主变压器有载重瓦斯动作”光字牌亮，非电量保护装置上“非电量告警”灯亮，现场人员认为可能是“1 号主变压器有载重瓦斯跳闸投入压板 5KLP2”未投入引起，后与工作负责人终结工作票。

随后，调度发令“1 号主变压器有载重瓦斯保护由信号改跳闸”，现场运维人员按照操作票操作至第二步“测量 1 号主变压器有载重瓦斯跳闸投入压板 5KLP2 两端确无电压（小于 44V），并放上”，测量该压板两端电压显示为 0.52V（小于 44V），放上该压板，此时 1 号主变压器重瓦斯动作，三侧开关跳闸。

根据现场后台事件记录，有 1 号主变压器有载重瓦斯保护动作信号。从 1 号主变压器非电量保护屏上调取最近事件，查看到有载重瓦斯动作，非电量跳闸出口。二次人员对保护信号及回路进行检查，有载油流继电器可手动复归。1 号主变压器有载分接开关补油过程中引起 1 号主变压器有载重瓦斯动作，检修工作结束后未将此重瓦斯动作信号复归为本次事件的主要原因。

2. 违章分析

（1）检修工作流程不规范。检修工作结束后检修工作负责人未对非电量保护动作等保持信号手动复归并确认。

（2）检修工作结束后交接验收流程不规范。运维人员在交接验收过程中，在后台“1 号主变压器有载重瓦斯继电器动作”光字和保护装置上“非电量告警”指示灯亮等异常存在的情况下仍然通过了验收。

（3）使用不合格的仪器仪表。1 号主变压器有载重瓦斯复役操作时，运维人员测量 1 号主变压器有载重瓦斯跳闸投入压板 5KLP2 时，未对万用表进行自检，使用不合格的万用表进行压板电压测量，导致压板电压测量结果显示为 0.52V，满足投入标准，随即投入“1 号主变压器有载重瓦斯跳闸投入压板 5KLP2”。

3. 防范措施

（1）加强检修人员二次回路相关技能培训，规范检修工作流程，检修人员在检修工作结束后应复归工作中产生的相关异常信号并确认无异常后，方可申请工作票终结。

（2）规范检修工作结束后的交接验收流程，运维人员需与检修人员共同确认检修工作无异常后方可办理工作票终结。

（3）定期对仪器仪表进行检测。定期检测万用表质量，淘汰不满足测量精度的万用表。并在使用万用表测量保护压板电位前，应预先自检万用表，确认读数正常后方可进行测量。

【案例五】误试验导致主变本体重瓦斯动作跳闸

1. 事故经过

220kV 变电站 2 号主变压器 35kV 开关、35kV 母分开关、35kV Ⅱ段母线及各馈线在检修，2 号主变压器重瓦斯保护发生无故障动作跳闸事件，跳开 2 号主变压器 220kV、110kV 开关。

根据录波图，2 号主变压器本体重瓦斯动作期间，220kV 电压无波动，电流均为正常负荷电流，波形光滑。2 号主变压器本体重瓦斯动作开入 40ms 左右，2 号主变压器 220kV 开关跳闸，负荷到零，2 号主变压器 220kV 侧电流增大（负荷转移造成），由此可见一次系统并无故障发生。一次系统电压无波动，未出现故障电流，电气量相关保护均未启动，重瓦斯动作时也未伴随有轻瓦斯动作信号，一次设备并未发生实质性故障。

进一步检查发现，事故原因是工作人员将 2 号主变压器非电量重瓦斯保护开入回路端子 01 和 07 误认为是 2 号主变压器 35kV 开关合闸回路端子 301 和 307，将其短接后造成 2 号主变压器本体重瓦斯保护动作跳闸。

2. 违章分析

（1）工作人员安全意识淡薄。执行规章制度不严，现场作业人员对工作中发现的设备异常进行处理时，在未对运行保护屏位采取安全措施的情况下，扩大工作范围进行工作。

（2）标准化作业不够规范。未养成严谨、细致的工作习惯，未严格执行标准化作业流程，监护人员监护不到位，未认真核对端子及回路编号。

（3）事故案例学习不深入。以往事故案例学习未入脑入心，未按照事故案例，举一反三，认真查找安全风险，吸取事故教训不深刻。

（4）危险点分析不够全面。对现场发现异常后处置工作的关键危险点重视程度不够，未开展现场危险点分析，现场作业风险控制措施不完备。

（5）二次作业现场安全管理存在不足。作业人员安全培训不到位，二次作业现场反违章查处力度不足，作业人员对习惯性违章认识不足；对执行《变电安规》、Q/GDW 267—2009《继电保护和电网安全自动装置现场工作保安规定》等有关二次安全工作要求的专业监督和检查力度不够。

3. 防范措施

（1）加强对二次作业人员的日常安全教育和安全管理，进一步提高作业人员的安全意识。

（2）规范二次现场各类工作行为，在二次回路上工作认真核对图纸，检查回路正确性，严格杜绝继电保护人员的超范围工作。

（3）进一步细化标准化作业流程。根据标准化作业指导书、工序卡，提炼各类工作中重点风险点，归纳总结出现场人员最安全操作行为，对现场工作人员从技术实现上进行限定。

（4）加大反违章稽查力度，严厉打击各类违章行为，利用变电站监控视频加强对二次作业人员的违章稽查。

（5）进一步规范短接线的使用要求。研究规范短接线的携带数量、使用场所、使用流程等，严禁用短接线进行整组传动试验，从制度上管控短接带来的风险隐患。

【案例六】外协人员施工不规范导致开关异常分闸

1. 事故经过

220kV 变电站 220kV 线路第二套保护零序过流Ⅲ段动作，跳开 C 相。现场检查该线路第一套保护未动作，对侧 220kV 开关合位，保护未动作。第一套线路保护为 CSC101，收发信机 LFX－912；第二套线路保护为 RCS901，收发信机 LFX－912。

现场继保小室内有压板在线监测系统安装工作正在开展。线路开关分闸时，工作人员正在线路第二套保护屏后进行电缆穿封堵孔工作，因为保护室至电缆层间隔厚，施工人员利用撬棍从上至下凿开防火封堵。

针对保护装置及电缆绝缘检查情况，重点排查第一套线路保护屏至第二套线路保护屏跳闸回路电缆，将其从电缆层抽离后，发现电缆外皮损伤严重，解体后确认内部有 4 根芯线绝缘受损，内芯裸露，分别是 3 号芯（TJR 跳闸）、4 号芯（TJQ 跳闸）、13 号芯（24V 开入正端）、14 号芯（24V 开入负端）。电缆破损情况与之前绝缘试验结果相吻合。

经对破损电缆的伤口与现场电缆敷设工作人员使用的撬棍尖头相对比，发现此伤口是由撬棍尖头从上而下插入，并造成磨损磨破。因此推断，该电缆破损是由现场作业人员在穿口位置用撬棍尖头凿洞造成。

2. 违章分析

（1）现场作业人员作业不规范。穿电缆时工具选择不当且凿孔工艺不合理，在穿电缆时使用撬棍，工具过于笨重，使用时未有效控制力度，使用蛮力进行凿孔，导致运行电缆破损。

（2）作业现场风险辨识预控和监护不到位：① 作业前未对敷设电缆时的危险点交代清楚，风险辨识预控措施不到位；② 现场作业实际上有两个独立空间，一个在保护室，另一个在电缆层，工作负责人未合理设置安全监护，监护不到位，未能及时发现并制止撬棍凿孔的施工行为。

（3）直流系统电压偏移重视程度不够。直流系统长期处于不平衡运行状态，正极对地绝缘偏低，未引起足够重视开展消缺检查，导致控制回路单点接地即直接引起开关跳闸。

3. 防范措施

（1）加强对外协厂家作业人员的安全教育，加强施工工器具管理，规范施工工艺。

（2）作业前工作负责人应告知施工危险点，作业时全程监护，涉及两个工作地点同时开展工作时应及时设置安全监护人员。

（3）各专业机构（运维站）应通过日常巡视或工业视频等手段，加强对外来施工队伍现场工作情况的检查，发现有不文明行为或危险作业的应立即制止并责令停工。

第七章

班组安全管理

第一节　班组管理安全监督

继电保护班组的安全职责：

（1）贯彻落实“安全第一、预防为主、综合治理”的方针，不发生继保“三误”事故，不发生人身、电网、设备、信息八级以上事故，按照“三级控制”制定本班组年度安全生产目标及保证措施，布置落实安全生产工作，并予以贯彻实施。

（2）执行各项安全工作规程，开展作业现场危险点预控工作，执行“两票三制”；执行检修规程及工艺要求，确保生产现场的安全，保证生产活动中人员与设备的安全。

（3）做好班组管理，做到工作有标准，岗位责任制完善并落实，设备台账齐全，记录完整。制定本班组年度安全培训计划，做好新入职人员、变换岗位人员的安全教育培训和考试。

（4）开展定期安全检查、隐患排查、“安全生产月”和专项安全检查等活动。积极参加上级各类安全分析会议、安全大检查活动。

（5）开展班前会、班后会，做好出工前“三交三查”工作，主动汇报安全生产情况。

（6）组织开展每周一次的安全日活动，结合工作实际开展经常性、多样性、行之有效的安全教育活动。

（7）开展班组现场安全稽查和自查自纠工作，制止人员的违章行为。

（8）定期组织开展安全工器具及劳动保护用品检查，对发现的问题及时处理和上报，确保作业人员工器具及防护用品符合国家、行业或地方标准要求。

（9）执行安全生产规章制度和操作规程。执行现场作业标准化，正确使用现场执行卡，参加检修、施工等工作项目的安全技术措施审查，确保所辖设备检修、大修、业扩等工程的施工安全。

（10）加强所辖设备（设施）管理，组织开展电力设施的安装验收、巡视检查和维护检修，保证设备安全运行。定期开展设备（设施）质量监督及运行评价、分析，提出更新改造方案和计划。

（11）执行电力安全事故（事件）报告制度，及时汇报安全事故（事件），保证汇报内容准确、完整，做好事故现场保护，配合开展事故调查工作。

（12）开展技术革新、合理化建议等活动，参加安全劳动竞赛和技术比武，促进安全生产。

第二节 作业安全监督

一、工作前的准备

（1）布置作业前，应核对图纸、勘察现场，查明可能向作业地点反送电的所有电源，并将所需的安全措施列入工作票。

（2）按规定开具工作票，填写二次工作安全措施票。

（3）召开班前会，熟悉施工方案和标准化作业指导书，进行“三交三查”。

（4）检查着装和所需使用的安全工器具、检验设备是否合格齐备，所需图纸、资料是否齐备。

（5）开展设备消缺工作前将设备缺陷发生的原因、处理方式以及处理工作时对现场条件的要求和安全注意事项等核实清楚。

二、保证安全的组织措施、技术措施的实施

（1）工作前应了解工作地点、工作范围、一次设备及二次设备运行情况、安全措施、试验方案、上次试验记录、图纸、整定单是否齐备并符合实际，检查仪器、仪表等试验设备是否完好，核对微机保护及安全自动装置的软件版本号等是否与实际相符。

（2）进入电气设备区域内工作，必须执行工作票制度。

（3）按有关规定正确填写和签发工作票。工作票签发人应对工作票中所列工作内容的必要性和安全性、所填安全措施是否正确完备、所派工作负责人和

工作班人员是否适当和充足等的正确性负责。

（4）计划检修工作的变电第一种工作票应提前一天送到变电站，值班运维人员应审查工作票的正确性。

（5）在同一电气连接部分，高压试验的工作票发出时，应先将已发出的检修工作票收回，禁止再发出第二张工作票。

（6）由工作负责人组织工作班全体人员列队并面向工作地点宣读工作票，进行“三交三查”，交代现场安全措施、带电部位、危险点和其他注意事项；工作班全体人员清楚无疑义并逐一签名后方可进入现场。

（7）开工前，工作负责人应检查核对安全措施，确认与工作票的要求相符后方可工作；次日复工前重新检查所有安全措施。

（8）工作负责人应检查工作班成员精神状态是否符合工作要求，着装是否符合安全要求，安全工器具是否配备齐全、合格。

（9）按工作票内容布置的安全措施，在未办理工作终结前不得擅自变更和拆除。

（10）严禁工作人员擅自移动或拆除接地线。高压回路上的工作，需要拆除全部或一部分接地线后才能进行的工作应征得运维人员的许可（根据调度指令装设的接地线，应征得调控人员许可）方可进行。工作完毕后立即恢复。

（11）在运行设备的二次回路上进行拆、接线工作，需断开、短接和恢复同运行设备有联系的二次回路工作，应填用二次工作安全措施票，并在工作结束前逐项恢复至工作许可时的状态。

（12）二次工作安全措施票的工作内容及安全措施由工作负责人填写，由技术人员或班长审核并签发。

（13）在运行中的二次回路上工作时，必须由一人操作，一人监护，监护人由技术经验水平较高者担任。

（14）在变电站设置“禁止使用无线通信”警示牌的区域内工作时，不得使用对讲机和手机等无线通信设备。

三、保护校验

（1）现场工作前，检查已做的安全措施是否符合要求，运行设备和检修设备之间的隔离措施是否正确完善，工作时应仔细核对检修设备名称，严防走错间隔。

（2）在全部或部分带电的运行屏（柜）上进行工作时，应将检修设备与运行设备前后以明显标志隔开。

（3）所有工作人员（包括工作负责人）不许单独进入、滞留在高压室内和室外高压设备区内。若工作需要（如测量极性、回路导通试验等），且现场设备允许时，可以准许工作班中有实际经验的一个人或几人同时在他室进行工作，但工作负责人应在事前将有关安全注意事项予以详尽告知。

（4）工作间断时，工作班人员应从工作现场撤出，所有安全措施保持不动，工作票由工作负责人执存；间断后继续工作，无需通过工作许可人；连续多日的工作，每日收工应清扫工作地点，开放已封闭的通路，并将工作票交回运维人员。次日复工之前，应得到工作许可人的许可，取回工作票，并重新检查安全措施是否符合工作票的要求，召开站班会后，方可工作。若无工作负责人或专责监护人带领，工作人员不得进入工作地点。

（5）工作期间，工作负责人不得离开现场。若因故确需暂时离开工作现场时，应指定另一位能胜任的工作人员临时代替，将工作现场交代清楚，并告知工作班成员。原工作负责人返回时，也应履行同样的交接手续。若工作负责人必须长时间离开工作现场时，应由工作票签发人变更工作负责人，履行变更手续，并告知全体工作人员及工作许可人。原、现工作负责人应做好必要的交接。

（6）工作负责人在全部停电时，可以参加工作班工作。在部分停电时，只有在安全措施可靠，人员集中在一个工作地点，不致误碰、误入有电部分的情况下，方可参与工作。多班组协同作业时，工作负责人、专责监护人不准参与工作。

（7）专责监护人不得兼做其他工作。临时离开时，应通知被监护人员停止工作或离开工作现场，待专责监护人回来后方可恢复工作。

（8）工作负责人需要及时提醒和制止影响工作班成员注意力的言行。工作负责人需要注意观察工作班成员的精神和身体状态，必要时可对工作班成员进行适当的调整。

（9）在继电保护屏间的通道上安放设备时，与运行设备应保持一定的安全距离，不得阻塞通道。

（10）在继电保护屏上或附近进行打眼等振动较大的工作时，应采取防止运行中的设备误动的措施。

（11）清扫运行设备和二次回路时，应做好防止误动、误碰的措施，并使用绝缘工具。

（12）继电保护传动试验时应通知运维人员和有关人员停止相关工作，并设专人监护。

（13）传动或整组试验后不得再在二次回路上进行任何工作，否则应做相应试验。

（14）有联跳保护试验前，应断开联跳回路出口压板，防止误动运行中设备。

（15）在一次设备运行而停部分保护工作时，应特别注意断开已停用保护与运行设备之间的跳、合闸回路，防止误跳断路器。

（16）在校验继电保护二次回路时，凡与其他运行设备二次回路相连的接线应有明显标记，并按二次工作安全措施票将有关回路断开或短路，做好记录。

（17）在现场要带电工作时，必须站在绝缘垫上，戴手套，使用带绝缘把手工具（其外露导电部分不得过长，否则应包扎绝缘带），同时将邻近的带电部分和导体用绝缘材料隔离，防止造成短路或接地。

（18）在电流互感器二次回路进行短路接线，应用短路片或短路线，并要有可靠的接地点。接地线使用截面积不小于 $4mm^2$ 的软铜线。

（19）电流互感器一次侧升流时应防止二次侧开路产生高压伤人。

（20）电压互感器二次回路通电时，必须可靠断开至电压互感器二次侧的回路，防止二次侧向一次侧反充电。

（21）查找直流电源接地时，应使用高内阻万用表进行工作，严禁用对线灯或人为两点接地；拉开直流电源空气开关（熔丝）时间不得超过 3s，不论回路接地与否均应合上；有高频保护回路应先申请停用高频保护；并应有防止切换中间继电器失电的措施。

（22）保护装置调试定值必须依据最新整定单执行，调试前核对整定单与实际设备是否相符（包括互感器的接线、变比）及有无审核人签字。在工作完毕后，必须和运维人员一起核对保护定值。

（23）每一套保护应单独进行整定试验，试验接线回路中的交、直流电源及时间测量连线均应直接接到被试保护屏的端子排上。

（24）微机保护拔插件前应停用装置电源。在用电烙铁进行工作时应先接地或先拔下电烙铁电源插头方可进行焊接。

（25）在进行高频保护检查时，应退出高频保护投入压板（日常通道试验除外）。

（26）使用临时参加劳动人员时应先进行安全教育，并有专人监护。

（27）搬动电缆沟盖板时应小心，避免伤及电缆及工作人员。

（28）保护装置二次线改动时，检查接线是否正确，严防产生寄生回路。

（29）现场工作必须按图纸进行，严禁凭记忆、凭经验开展工作。

（30）工作前应首先核对设备的调度名称和编号及电缆吊牌，检查直流空气开关、压板等已退出或取下。

（31）测试仪表的表棒金属部分不能太长，仪表接线、挡位符合测试要求，同时应采取措施防止测试中表棒短路、接地。

（32）试验需要断开设备二次接线时，拆前应做好标记，接后应进行检查。

（33）现场使用专用试验电源，不得使用绝缘老化的电线，电源开关要完好，应装有剩余电流动作保护器，熔丝的规格应符合要求。

（34）试验装置的电源开关，应使用具有明显断开点的双极闸刀。为防止误合闸刀，刀刃上应有完好的绝缘罩。禁止从运行设备上直接取得试验电源。

（35）试验结束时，试验人员应拆除临时短路接地线，并对被试设备进行检查，恢复试验前的状态。

（36）严禁酒后工作和在工作中说笑、打闹、吸烟。

（37）严禁穿越和擅自移动临时遮栏。

（38）在带电的电流互感器或电压互感器二次回路上工作，应有防止电流互感器二次回路开路和防止电压互感器二次回路短路或接地的安全措施卡。

（39）电流互感器或电压互感器二次回路工作结束后，应按验收规范进行完工验收，对动过的端子和连接片应逐个检查、紧固。

四、工作终结

（1）严格执行验收制度。

（2）继电保护及二次回路上的工作，只有在工作全部完毕以及二次工作安全措施票上措施全部恢复到许可工作时状态后，工作负责人清点全部作业人员人数、姓名与工作票相符，并全部退出现场，方可办理工作终结手续。

（3）禁止以传话、带信的方式清点人数，防止工作未完，人员没有全部撤离而误办工作终结手续。

（4）全部工作完毕后，工作负责人应与运维人员共同检查设备状况、状态，有无遗留物件，是否清洁，然后在工作票上填明工作结束时间。经双方签字终结工作票。

五、复杂保护校验

1. 主变压器保护校验

（1）许可工作前，必须在工作许可人的陪同下查清可能送电至工作地点的一次设备各方均已装设接地线；相应检修设备的电源空气开关等均应设置安全警示牌，并符合现场工作安全要求。

（2）拟定和实施完备的二次安全措施和防止误跳、误启动相邻或其他保护设备的措施，特别是同相应母差保护、母联、旁路、故障录波等相联系的回路。

（3）在主变压器本体上工作应使用合格的双保险安全带，禁止低挂高用。

（4）攀登变压器前，应看清设备名称和编号，从悬挂“从此上下！”标示牌处的梯子上下，并设专人监护。

（5）主变压器差动电流二次回路拆接后应带负荷测差流（包括中性线）。

2. 母差、失灵保护装置校验

（1）检查二次设备安全措施是否完备，是否有防止运行设备误动的措施。

（2）核对图纸弄清母差（失灵）回路的逻辑关系，断开所有切换和放电回路。

（3）执行二次工作安全措施票，拟定和布置完备的二次工作安全措施和防止误跳、误启动相邻或其他运行设备的措施。

（4）在进行拆、接二次回路的安全隔离措施时，要由经验较丰富的保护人员进行监护，并逐个核对无误，及时做好已执行的标志，防止遗漏。恢复安措时履行同样的手续，做好已恢复的标志。

（5）严禁电流互感器二次侧开路。

（6）短路电流互感器二次绕组必须用短路片或短路线，短路应妥善可靠，严禁用导线缠绕。

（7）严禁在电流互感器与短路端子之间的回路和导线上进行任何工作。

（8）模拟跳闸试验应在切换回路上做好可靠的防误切措施，只可使出口元件动作。

（9）工作必须谨慎，不得将回路的永久接地点断开。

（10）工作时必须有专人监护，使用绝缘工具并站在绝缘垫上。

（11）工作人员间做好互相配合，拉、合电源开关时相互告知。

（12）接、拆试验电源时，必须在电源开关拉开的情况下进行。

（13）差动电流二次回路拆、接试验后应测差流（包括中性线）。

附录A 现场标准化作业指导书范例

智能变电站220kV母线保护校验作业指导书

1 范围

本指导书适用于采用SV直采，GOOSE点对点跳闸的智能变电站220kV母线保护装置的新安装校验、定期检验、补充校验等，含母线合并单元采样检查等。

2 修前准备

2.1 准备工作安排

表1 准备工作安排

序号	内容	标准
1	开工前三天，准备好施工所需仪器仪表并做好记录、工器具、最新整定单、相关材料、相关图纸、上一次试验报告相关技术资料等	仪器仪表、工器具应检验合格，满足本次施工的要求，材料应齐全，图纸及资料应符合现场实际情况
2	根据本次校验的项目，核对作业指导书是否符合本次校验工作，组织作业人员学习作业指导书、相关校验规程、安全措施、危险点	要求所有工作人员都明确本次校验工作的作业内容、进度要求、作业标准及安全注意事项
3	编制二次工作安全措施票、危险点分析及预控、安全注意事项	应符合相关规程的规定
4	熟悉SCD文件、全站网络结构和交换机配置，掌握虚回路连线和光口配置	工作人员需熟悉SCD文件、光口配置、全站网络结构和交换机配置方案，掌握SV采样与GOOSE跳闸方式

2.2 主要工器具

表2 主要工器具

序号	名称	备注
1	绝缘电阻表	在有效期内
2	相位表	在有效期内

续表

序号	名称	备注
3	万用表	在有效期内
4	光功率计	在有效期内
5	光衰耗计	在有效期内
6	数字继电保护测试仪	在有效期内
7	手持式报文分析仪	在有效期内
8	笔记本电脑	安装有 SCD 文件配置（阅读）软件及报文分析软件等

2.3 二次工作安全措施编制要求

表 3 二次工作安全措施编制要求

序号	二次工作安全措施编制要求
1	记录压板及空气开关的原始位置状态，保护装置的定值区号等原始状态
2	核查装置背板光纤标识清晰明确且与实际情况一致
3	断开与本次校验相关的电流回路及接地点，拆开与本次校验相关的电压回路端子接线
4	退出母线保护所有运行间隔的 GOOSE 发送软压板、出口硬压板，包括母联 GOOSE 发送、主变压器 GOOSE 发送、线路 GOOSE 发送、对应主变压器失灵联跳、Ⅰ母线动作出口、Ⅱ母线动作出口等软压板，无法通过软压板隔离或校验需要时，可取下装置背板插件相应端口的光纤，做好光头保护，并做好记录
5	对应主变压器保护退失灵联跳 GOOSE 接收软压板
6	仅将需要的母线保护背板 SV 输入光纤取下，其余间隔 SV 接收压板退出
7	母线保护投入检修压板

2.4 危险点分析及预控

表 4 危险点分析及预控

√	序号	危险点分析	预控措施
	1	检修压板未正确投入易造成误跳运行设备	投入检修压板后，装置面板（或液晶显示屏）应有指示灯（或检修压板投入报文）明确该压板操作到位
	2	漏取或错取至运行设备的 GOOSE 出口软压板，易造成误跳或误闭锁运行设备	工作时应认真核对虚端子连接图，找到对应 GOOSE 出口软压板（软压板命名与调度命名一致），按要求的顺序退出，并做好记录，以防误退、漏退

续表

√	序号	危险点分析	预控措施
	3	频繁插拔背板光纤易造成光头污染或光纤损伤，增大损耗，可能造成保护不能正常接收或发送 GOOSE 信号、SV 采样值	因检验要求需要临时拆装光纤时，要防止光纤损伤及光头污染，并做好标识，在试验结束后及时恢复
	4	保护装置开出传动功能不经软压板控制，且需手动复归，易造成误跳运行设备	未解开至运行设备联络光纤的情况下，避免使用开出传动功能菜单
	5	电动工器具及带电仪器仪表外壳漏电易引起低压触电事故	必须正确使用工器具及仪器仪表，所有电动工器具及带电仪器仪表接地线必须可靠接地，接线板必须带漏电保护器
	6	一次接线组别如和二次保护的接线组别不对应将引起保护装置的不正确动作	工作时应检查一次接线组别和二次保护装置的接线组别是否对应
	7	光纤测试时误伤眼睛	在光纤回路工作时，应采取相应防护措施防止激光对人眼造成伤害

2.5　安全注意事项

表 5　　　安全注意事项

√	序号	安全注意事项
	1	做安全技术措施前应先认真检查二次安全措施票和实际接线及图纸是否一致
	2	因检验要求需要临时短接或断开的端子应逐个记录，并在试验结束后及时恢复
	3	工作时需要退出软压板时，应认真核对虚端子连接图，找到对应软压板（软压板命名与调度命名一致），按要求的顺序退出，并做好记录，以防误退、漏退
	4	工作时应认真核对光纤回路接线，如需断开光纤，在拔下光纤后应及时盖上防尘帽防止光纤头损伤或污染，并做好记录，试验结束后应及时恢复，并逐一确认链路正常
	5	调试过程中严禁频繁插拔插件、随意更换芯片，更换后应做相关试验
	6	插、拔插件前应断开直流电源，插、拔交流插件时应防止交流电流回路开路
	7	试验人员接触、更换集成芯片时，应采用人体防静电接地措施，以确保不会因人体静电而损坏芯片
	8	传动试验时，应通知工作负责人及运行人员，征得同意后方可传动断路器，传动过程中应派人监视
	9	使用万用表测量跳闸回路电位时应对地测量，防止档位选择不当误跳运行设备
	10	绝缘试验时应断开直流电源，拆开回路接地点，拔出所有逻辑插件，并通知有关人员暂停相关回路上的一切工作。绝缘试验后应放电
	11	工作过程中如需临时改变运行人员所做的安全措施，应征得运行人员同意，由工作负责人通知当值运行人员实施操作
	12	严禁漏取与运行设备相关的压板，防止误跳运行设备

3 校验项目及工艺标准

3.1 新安装校验、定期检验的校验项目

表 6 新投产检验、定期检验的校验项目

检验项目	新投产检验	定期检验
1 状态记录及安措执行		
1.1 状态记录	√	√
1.2 二次安全措施票执行	√	√
2 保护装置、智能终端、合并单元重启自检		
2.1 直流拉合试验	√	√
2.2 电源检查	√	√
3 定值核对		
3.1 核对装置型号、版本、CRC 校验码、定值与定值单是否一致	√	√
4 装置、回路检查及清扫		
4.1 装置、压板外观检查、对时检查	√	√
4.2 二次回路检查、清扫及端子紧固	√	√
4.3 图纸核对	√	√
4.4 屏蔽接地检查	√	√
5 保护装置校验		
5.1 开入检查	√	√
5.2 采样值检查	√	√
5.3 定值校验		
5.3.1 差动保护启动电流定值测试	√	
5.3.2 比率系数高值测试	√	
5.3.3 比率系数低值测试	√	
5.3.4 复合电压闭锁测试	√	
5.3.5 母联失灵保护定值测试	√	
5.3.6 母联死区功能测试	√	
5.3.7 断路器失灵保护定值测试	√	
5.3.8 电流互感器断线测试	√	
5.3.9 电压互感器断线测试	√	

续表

检验项目	新投产检验	定期检验
6. 设备通信接口检查		
6.1　光纤端口发送功率检查	√	√
6.2　光纤端口接收功率检查	√	√
7　GOOSE 功能检查		
7.1　GOOSE 检修机制测试	√	
7.2　GOOSE 断链告警测试	√	
8　SV 功能检查		
8.1　SV 检修机制测试	√	
8.2　SV 断链告警测试	√	
8.3　SV 断链闭锁测试	√	
9　智能终端功能及基本性能测试		
9.1　智能终端动作时间测试	√	
10　合并单元功能及基本性能测试		
10.1　合并单元准确度测试	√	
10.2　合并单元传输延时测试	√	
11　绝缘测试		
11.1　交流电流、电压回路对地绝缘测试	√	√
11.2　直流回路对地绝缘测试	√	√
11.3　交直流回路之间绝缘测试	√	√
11.4　跳、合闸回路之间绝缘测试	√	√
11.5　跳、合闸回路对地绝缘测试	√	√
12　整组传动		
12.1　模拟各种故障传动试验，检查开关动作是否正确	√	√
12.2　后台机、远方监控系统、设备状态是否和模拟的故障一致	√	√
12.3　整组动作时间测试	√	√
13　安措恢复	√	√
14　状态检查	√	√
15　整定单核对	√	√
16　工作终结、移交	√	√

3.2 工艺标准

表 7　　　　工 艺 标 准

√	序号	作业项目	工艺标准	安全措施及注意事项
	1	状态记录及安措执行		做安全技术措施前应先认真检查二次工作安全措施票和实际接线及图纸是否一致
	1.1	状态记录	记录压板、空开及把手初始位置，当前定值区号。	
	1.2	二次安全措施票执行	根据“二次工作安全措施票”的要求，完成安措并逐项打上已执行的标记，并把各软压板断开	
	2	保护装置重启自检		防止直流回路短路、接地
	2.1	直流拉合试验	拉合三次直流工作电源，装置应可靠稳定，不误动，不误发信号	
	2.2	电源检查		
	2.2.1	自启动电压测试	闭合直流电源插件的电源开关，试验直流电源由零缓慢升至 80%额定电压值，装置运行指示灯应正确点亮，且无异常现象	
	2.2.2	80%额定工作电压测试	直流电源调至 80%额定电压，保护装置应稳定工作	
	3	定值核对	保护装置的整定值在直流电源失电前后保持不变	
	4	装置、回路检查及清扫		检查前应关闭直流电源，断开交流电压回路；插拔插件前应先采用人体防静电接地措施
	4.1	装置、压板外观检查、对时检查		
	4.1.1	装置外观检查	保护屏及装置外壳应清洁无积灰，面板应完好无损，各部件安装牢固，无松动现象，装置外形应端正，无明显损坏及变形现象	
	4.1.2	压板外观检查	（1）跳闸连接片的开口端应装在上方，接至断路器的跳闸线圈回路。 （2）跳闸连接片在落下过程中必须和相邻跳闸连接片有足够的距离，以保证在操作跳闸连接片时不会碰到相邻的跳闸连接片。 （3）检查并确证跳闸连接片在拧紧螺栓后能可靠地接通回路，且不会接地。 （4）穿过保护屏的跳闸连接片导电杆必须有绝缘套，并距屏孔有明显距离	
	4.1.3	对时检查	断合装置直流电源一段时间后，时钟应正确	
	4.2	二次回路检查、清扫及端子紧固		

续表

√	序号	作业项目	工艺标准	安全措施及注意事项
	4.2.1	装置插件及接线检查	（1）保护装置各插件上的元器件外观质量、焊接质量应良好。 （2）核查逆变电源的额定电压是否正确。 （3）各插件和插座之间定位良好。 （4）切换开关、按钮、键盘等应操作灵活，手感良好。 （5）检查保护装置的背板接线是否有断线、短路、焊接不良等现象。 （6）端子排连接应可靠，接线应无机械损伤，端子压接应紧固，标号应清晰正确。 （7）保护装置的硬件配置、标注及接线等应符合图纸要求	检查前应关闭直流电源，插拔插件前应先采用人体防静电接地措施
	4.2.2	二次回路清扫及端子紧固	保护屏、断路器端子箱、断路器机构箱、闸刀机构箱内部应清洁、无尘，各端子接线螺丝压接应紧固，户外端子箱防雨、防潮措施应可靠	
	4.3	图纸核对	检查现场图纸与实际接线是否一致	
	4.4	屏蔽接地检查	（1）保护引入、引出电缆必须用屏蔽电缆。 （2）屏蔽电缆的屏蔽层必须两端接地	
	5	保护装置校验		
	5.1	开入量检查	依次进行开关量的输入、断开，同时监视液晶屏幕上显示的开关量变位情况	
	5.2	交流采样系统检验		
	5.2.1	零漂检验	应断开装置与测试仪或标准源的电气连接，确保装置交流端子上无任何输入，查看电流电压零漂；合格判据：要求测得零漂值均在 $0.01I_N$（或 0.05V）以内	检验零漂时，要求在一段时间（五分钟）内零漂值稳定在规定范围内
	5.2.2	模拟量幅值线性度检验	测试方法：在电流测试时加入对称正序三相电流，电流分别为 $0.1I_N$、I_N、$5I_N$ 进行测试，要求保护装置的采样显示值与外部表计（监视表计精度应在 0.5 级以上）测量值的误差应小于±5%。在交流电压测试时可以用继电保护综合测试仪的常规方式加入对称正序三相电压，交流电压分别为 1、30、60V；合格判据：要求保护装置的采样显示值与外部表计（监视表计精度应在 0.5 级以上）测量值的误差应小于±5%	防止二次交流电压回路短路，二次交流电流回路开路
	5.2.3	模拟量相位特性检验	进行相位特性测试，装置显示值与表计测量值误差应满足要求	
	5.3	定值校验		
	5.3.1	差动保护启动电流定值测试	测试条件：任取一线路间隔电流回路进行测试。 测试方法：以继电保护综合测试仪为例.设定 A 相电流为变量，步长为 0.1 整定值，手动方式。A 相电流从 0.85 整定值起，增加一个步长值后，缓慢增加到差动出口动作时读取动作电流值。依此类推，可对 B、C 相电流进行校核	

续表

√	序号	作业项目	工艺标准	安全措施及注意事项
	5.3.2	比率系数高值测试	测试方法：不加电压；可适当抬高电流互感器断线闭锁定值；适当降低差动保护启动电流定值。 （1）母联开关合。 （2）任选Ⅰ母线上两条变比相同支路，在 A 相加入方向相反，大小相同的电流 I_1。 （3）再任选Ⅱ母线上一条变比相同支路，在 A 相加入电流 I2，调节电流大小，使Ⅱ母线差动动作。 记录所加电流，验证大差比率系数高值	
	5.3.3	比率系数低值测试	测试方法：不加电压；可适当抬高电流互感器断线闭锁定值；适当降低差动保护启动电流定值。 （1）母联开关断。 （2）任选Ⅰ母线上两条变比相同支路，在 B 相加入方向相反，大小相同的电流 I_1。 （3）再任选Ⅱ母线上一条变比相同支路，在 B 相加入电流 I_2，调节电流大小，使Ⅱ母线差动动作。 记录所加电流，验证比率系数低值	
	5.3.4	复合电压闭锁测试	在满足比率差动元件动作的条件下，分别检验保护的电压闭锁元件中相电压、负序和零序电压定值，误差应在±5%以内。 （1）相/线电压测试。 试验方法：以Ⅰ段母线为例在满足比率差动元件动作的条件下，从母线电压输入端子上加入对称正序电压 57.7V，三相电压值慢慢递减至差动保护动作，读取动作的相电压值。 （2）零序电压测试。 试验方法：以Ⅰ段母线为例在满足比率差动元件动作的条件下，加入正序三相电压 57.7V，模拟单相低电压，如 A 相电压从 57.7V 递减至差动保护动作读取 A 相动作电压 U_d，则（$57.7-U_d$）即为复合电压的另序电压值 $3U_0$。如 $U_{0bs} \geqslant U_{2bs}$ 测试前临时提高 U_{2bs} 定值。 （3）负序电压测试。 试验方法：以Ⅰ段母线为例，在满足比率差动元件动作的条件下，加入正序三相电压 57.7V，模拟单相低电压，如 A 相电压从 57.7V 递减至差动保护动作读取 A 相动作电压 U_d，则 1/3（$57.7-U_d$）即为复合电压的负序电压值 U_2。如 $U_{2bs} \geqslant U_{0bs}$ 则测试前临时提高 U_{0bs} 定值	
	5.3.5	母联失灵保护定值测试	“差动保护”控制字及软压板投，试验接线 L1、L2、母联 SV 直采端口用光纤与试验仪相连，母线电压直采端口用光纤与试验仪相连，L1、L2、母联间隔 GOOSE 端口用光纤与试验仪相连，导入 SCD 文件完成 SV 接收和 GOOSE 输入输出的配置。 测试方法： （1）加入两条支路和母联 A 相电流，电流大小相等，两条支路电流方向相同，母联电流使Ⅱ母无差流。 （2）电流幅值慢慢增加到大于差动门槛小于母联失灵定值时，则Ⅰ母线动动作。再增加电流到母联失灵启动经母联失灵延时时间后，并且Ⅱ母线动动作。	

续表

√	序号	作业项目	工艺标准	安全措施及注意事项
	5.3.5	母联失灵保护定值测试	（3）在测试时监视Ⅱ母线动动作接点，当Ⅱ母线动动作时电流值即为母联失灵电流值 I_{sl}。 （4）当电流从0突然加到1.2倍母联失灵电流整定值时，分别测得Ⅰ、Ⅱ母线动动作时间，则Ⅰ、Ⅱ母线动动作时间的差值即为母联失灵延时时间 T_{sl}。 合格判据：动作时间误差应不大于15ms。动作电流误差应小于5%	
	5.3.6	母联死区功能测试	（1）合位死区。 测试方法： 1）通过试验仪将母联开关置为合状态。将母联跳闸输出作为母联TWJ的开入。 2）两条支路和母联Lk同时加A相电流，两条支路电流大小相等，方向相同，LK电流大小相同，使I母无差流。 3）当加入电流幅值大于差动门槛，Ⅱ母母线动作。 4）继续通入故障电流，经150ms延时母联死区保护动作跳Ⅰ母。 注：如果母联电流互感器装在Ⅱ母侧，则两条支路和母联Lk同时加A相电流，两条支路电流大小相等，方向相同，LK电流大小相同，使Ⅱ母无差流，当加入电流幅值大于差动门槛，Ⅰ母母线动作，继续通入故障电流，经150ms延时母联死区保护动作跳Ⅱ母。 在二次试验中分别监视动作时间。动作行为应如上所述，动作时间误差应不大于15ms。 （2）分位死区。 测试方法： 1）通过试验仪将母联开关置为分状态，将“分列压板”投入，故障前两母线电压均为健全电压。 2）L1支路和母联Lk加A相电流，电流大小相等，并使Ⅰ母无差流。 3）当电流幅值大于差动门槛，Ⅰ母线动动作出口。 注：如果母联电流互感器装在Ⅱ母侧，则L2支路和母联Lk串接A相电流，电流大小相等，并使Ⅱ母不差流，当电流幅值大于差动门槛，Ⅱ母线动动作出口。 在二次试验中分别动作时间。动作行为应如上所述	
	5.3.7	断路器失灵保护定值测试	试验准备：投入“失灵保护”控制字和相应间隔“失灵开入”软压板，并保证失灵保护电压闭锁条件开放。 测试方法：对于分相跳闸接点的起动方式：用试验仪将支路任一相失灵开入置1，并在对应元件的对应相别中通入大于失灵电流定值的电流［采用相电流&（零序|负序），其中相电流为内部值 $0.05I_n$），失灵保护动作；而对于三相跳闸接点的起动方式：用试验仪将支路三相失灵开入置1，并在对应元件的任一相中通入大于失灵电流定值的电流（采用相电流|零序|负序），失灵保护动作。模拟Ⅰ母上有支路失灵，失灵保护起动，经失灵保护1时限动作于母联，经失灵保护2时限延时切除该元件所在母线的各个连接元件。	

续表

√	序号	作业项目	工艺标准	安全措施及注意事项
	5.3.7	断路器失灵保护定值测试	在满足电压闭锁元件动作的条件下，分别检验失灵保护的相电流、负序和零序电流定值，误差应在±3%以内。 在满足失灵电流元件动作的条件下，分别检验保护的电压闭锁元件中相电压、负序和零序电压定值，误差应在±3%以内。 失灵保护电压闭锁条件不开放，置位解除失灵电压闭锁为1（不能超过1s），失灵保护应能动作	
	5.3.8	电流互感器断线测试	测试量满足保护装置电流互感器断线判据，装置应能正确报电流互感器断线	
	5.3.9	电压互感器断线测试	测试量满足保护装置电压互感器断线判据，装置应能正确报电压互感器断线	
	6	设备通信接口检查		
	6.1	光纤端口发送功率检查	用一根尾纤跳线（衰耗小于0.5dB）连接设备光纤发送端口和光功率计接收端口，读取光功率计上的功率	
	6.2	光纤端口接收功率检查	将设备光纤接收端口连接的施工光缆连接光功率计接收端口，读取光功率计上的功率值	
	7	GOOSE功能检查		
	7.1	GOOSE检修机制测试	通过投退检修压板控制装置输出GOOSE报文品质，通过抓取报文分析确定GOOSE报文检修品质的正确性，同时应核对装置的动作行为	
	7.2	GOOSE断链告警测试	拔下待测GOOSE回路尾纤，保护装置不应误动作，液晶面板应提示“GOOSE通信中断”且告警灯亮，同时后台GOOSE二维表应正确告警；当待测GOOSE回路尾纤恢复后，保护装置不应误动作，液晶面板的“GOOSE通信中断”消失，同时后台GOOSE二维表应告警信号消失	
	8	SV功能检查		
	8.1	SV检修机制测试	通过投退检修压板控制合并单元输出SV报文品质，通过抓取报文分析确定SV报文检修品质的正确性，同时应核对保护装置的动作行为	
	8.2	SV断链告警测试	拔下待测SV回路尾纤，保护装置应可靠闭锁，液晶面板应提示“SV通信中断”且告警灯亮，同时后台SV二维表应正确告警；当待测SV回路尾纤恢复后，保护装置不应误动作，液晶面板的“SV通信中断”消失，同时后台SV二维表应告警信号消失	
	8.3	SV断链闭锁测试	合并单元与保护在装置之间SV通信中断后，保护装置应可靠闭锁；当通信恢复后，保护功能应恢复正常，保护区内故障能够可靠动作且发送跳闸报文，区外故障不应误动	

续表

√	序号	作业项目	工艺标准	安全措施及注意事项
	9	智能终端功能及基本性能测试		
	9.1	动作时间测试	给智能终端发送跳、合闸接点信息，记录报文发送与硬接点输入时间差，智能终端动作时间不大于5ms	
	10	合并单元功能及基本性能测试		
	10.1	准确度测试	用合并单元测试仪给合并单元输入不同幅值和相位的电流、电压量，读取合并单元输出数值与合并单元测试仪输出数值，检查合并单元的精度是否满足技术条件的要求	
	10.2	传输延时测试	给合并单元输入交流模拟量，通过电子式互感器校验仪或故障录波器同时接收合并单元输出数字信号与继电保护测试仪输出模拟信号，检查合并单元接收交流模拟量到输出交流数字量的时间，计算合并单元采样延时不大于 1ms	
	11	绝缘测试		应确认被保护设备的断路器、电流互感器全部停电，交流电压回路与其他单元设备断开、与其他回路隔离完好。每一项绝缘试验后，须将试验回路对地放电
	11.1	交流电流、电压回路对地绝缘测试	用 1000V 绝缘电阻表摇测，对于新安装校验要求大于 10MΩ，对于定期校验要求大于 1MΩ	
	11.2	直流回路对地绝缘测试		
	11.3	交直流回路之间绝缘测试		
	11.4	跳、合闸回路之间绝缘测试		
	11.5	跳、合闸回路对地绝缘测试		
	12	整组传动		
	12.1	模拟各种故障传动试验，检查开关动作是否正确	（1）模拟母线分裂运行和并列运行的情况下，母线区内故障。 （2）模拟母线分裂运行和并列运行的情况下，母线区外故障。 （3）模拟母线并列运行的情况下，母联死区故障	
	12.2	后台机、远方监控系统、设备状态是否和模拟的故障一致	对于新投产校验，要求和调度端核对远动信号。对于定期校验只要求和后台核对信号	
	12.3	整组动作时间测试	过量保护通入 1.2 倍整定值，欠量保护通入 0.7 倍整定值	

续表

√	序号	作业项目	工艺标准	安全措施及注意事项
	13	安措恢复	全部工作完毕，拆除所有试验接线（应先拆开电源侧）；恢复安全措施，严格按二次工作安全措施票中所做的安全技术措施恢复，恢复后经双方（工作人员及验收人员）核对无误	
	14	状态检查	工作负责人周密检查施工现场，检查施工现场是否有遗留的工具、材料	
			自验收情况检查	
			验收传动结束后，应清除所有保护装置内部的事件报告	
			结束工作票前，保护装置应复位	
			检查安措是否已全部恢复	
			检查各压板、切换开关及开关位置等状态是否和工作许可时的状态一致	
			检查无误后，工作负责人、工作班成员分别签名	
	15	整定单核对	有定值修改的工作或在试验过程中修改过装置定值，在试验结束后应打印定值，并与整定单核对一致	
	16	工作终结、移交	工作负责人在检修记录上详细记录本次工作所修项目、发现的问题、试验结果和存在的问题等	

附录 B　现场应急处置方案范例

【范例】继电保护人员突发事件现场应急处置方案

一、工作场所

××供电公司××变电站继电保护现场工作。

二、事件特征

由于继电保护工作人员人为工作失误造成电力系统突发事件，包括造成系统运行设备运行异常、非正常停运或对外停送电等损害企业形象的事件。

三、现场人员应急职责

（1）及时了解、判断是否是由于本身工作造成的影响。

（2）立即采取措施消除或最大限度降低由于本身工作原因造成对电网的影响。

四、现场应急处置

1. 应具备的条件

应急通信工具及上级电话号码。

2. 现场应急处置程序及措施

（1）继电保护现场工作人员根据事件性质和原因，保持现场，并立即将事件情况汇报现场值班运维负责人或值班调控人员，主要包括事件发生的原因和应采取的控制措施等。

（2）继电保护现场工作负责人立即将发生的事件原因、现状和采取的措施报告本单位主要负责人。

（3）现场负责人将本单位主要负责人的处理意见立即传到现场工作的每一位工作人员。

（4）为尽快恢复设备正常运行，现场工作负责人应及时提出设备运行异常可能带来的危害，并提出控制事态扩大的具体意见。

（5）现场工作负责人通知工作班人员保持现场，等待查明原因。在确定事件与本身工作无关后继续工作，或确定因本工作原因造成的事件时，查明事件发生的原因，并采取相应的控制措施后恢复工作。

五、注意事项

（1）汇报事件发生原因应简单、扼要。

（2）提出事件处置的初步建议。

六、联系电话

序号	部门	联系人	电话
1	本单位领导		
2	班组负责人		
3			